KNAUR

MICHAELA
SEUL

Das *Glück* hat vier *Pfoten*

LEBENSWEISHEITEN
UNSERER HUNDE

KNAUR

Besuchen Sie uns im Internet:
www.droemer.de

Aus Verantwortung für die Umwelt hat sich die Verlagsgruppe
Droemer Knaur zu einer nachhaltigen Buchproduktion verpflichtet.
Der bewusste Umgang mit unseren Ressourcen, der Schutz
unseres Klimas und der Natur gehören zu
unseren obersten Unternehmenszielen.
Gemeinsam mit unseren Partnern und Lieferanten setzen
wir uns für eine klimaneutrale Buchproduktion ein,
die den Erwerb von Klimazertifikaten zur
Kompensation des CO_2-Ausstoßes einschließt.
Weitere Informationen finden Sie unter:
www.klimaneutralerverlag.de

FSC www.fsc.org MIX Papier aus verantwortungsvollen Quellen FSC® C083411

Originalausgabe September 2020

Redaktion: Dr. Ulrike Strerath-Bolz, Friedberg
Innenabbildungen: hadkhanong / shutterstock.com
Covergestaltung: ZERO Werbeagentur, München
Coverabbildung: hadkhanong / shutterstock.com
Satz: Adobe InDesign im Verlag
Druck und Bindung: CPI books GmbH, Leck
ISBN 978-3-426-21481-7

2 4 5 3 1

Inhalt

*»Auf kleinen Pfoten
läuft ein Stück von Leben
mit uns durch die Zeit.«*

Günter Kunert

… und führt uns in die Spur zu uns selbst.

Wie unsere Hunde das anstellen und warum
uns das so guttut, erfahren Sie auf
den folgenden Seiten …

Hunde machen glücklich.
Aber das ist noch längst nicht alles!

Wer ist hier eigentlich der Chef?

Eines Morgens erkannte ich, dass mehr in meinem Hund steckt, als ich ahnte – und das war bereits eine Menge. Doch diesmal ging es nicht um Intelligenz und Fähigkeiten oder Treue und andere altbekannte hundliche Eigenschaften. *Geistesblitz!* Sondern um seine Führungsqualitäten. Es kann gut sein, dass mein Hund jahrelang für diese Leitung gebuddelt hat, bis das Lämpchen in meinem Kopf endlich leuchtete. Menschen sind zuweilen ein wenig schwer von Begriff. Ich nehme an, dass ich kein Einzelfall bin.

Am Abend vor dieser Erkenntnis war ich mit einer ellenlangen Liste ins Bett gegangen, was ich am nächsten Tag alles erledigen sollte. Beim Aufstehen arbeitete ich weiter an der Liste, überlegte mir im Bad eine Reihenfolge, zwischendurch fiel mir der Hund ein, und ich fragte mich, wann ich Gassi gehen sollte. Spazierengehen, schon das Wort machte mich nervös. Es passte überhaupt nicht zu dem bevorstehenden Tag, den ich nur im Dauerlauf bewältigen würde. Am besten, ich begann gleich beim Zähneputzen mit Aufwärmgymnastik … wie funktioniert diese Turnübung gleich noch mal, mit der man hundert Jahre alt wird?

Mein Hund ist Langschläfer. Er genießt jede Sekunde, die er morgens auf seinem Schaffell döst. Falls ich vor sechs Uhr aufstehe, kneift er die Augen besonders fest zu. Selbst wenn etwas zu Boden fällt, rührt er sich nicht. Ich habe gehört, dass andere Hunde, egal zu welcher Uhrzeit, ihre Rudelmitglieder begeistert begrüßen. Meiner hält sich an die Geschäftszeiten. An seine, wohlgemerkt. Doch es war bereits sieben, was mich noch nervöser machte, da ich schon eine Stunde verschlafen hatte. Warum? Weil ich am Vorabend nicht in den Schlaf gefunden hatte – dauernd musste ich an die Liste denken, die ich in der Nacht schon abzuarbeiten begann. Leider erfolglos. Hätte ich mich mal besser an die Geschäftszeiten gehalten!

Der Hund lag auf dem Schaffell unter dem Küchentisch, wie meistens am Morgen. Ich habe ein Bett, er drei. Zähle ich das Sofa mit, vier. Aber das nur am Rande. Der Hund hatte mich natürlich längst auf dem Radar. Aber nein, er war nicht aufgesprungen, als er meinen in Richtung Wachwerden veränderten Atem aus dem Schlafzimmer hörte und später die Zahnbürste im Badezimmer. Er suchte auch nicht nach meinen verlorenen sechzig Minuten. *Such, such, wo ist die Stunde, bring sie!*

Er erhob sich erst jetzt. Langsam. Streckte sich behaglich, machte sich, die Pfoten weit nach vorne, lang, verließ gemächlich, fast möchte ich behaupten: aufreizend langsam, sein Bett, dehnte weiter, nun auch die Hinterbeine. Schüttelte sich. Sah ich da Traumfetzen aus seinem Fell spritzen, oder war das mein blinkendes Coffein-Rotlicht? Schwanzwedelnd, aber nicht übertrieben eilig, kam der Hund zu mir. Sein Tag war nigelnagelneu. Von Stress keine Spur, woher auch. War doch alles prima, und »Liste« kannte er nur ohne »e«.

Wie ein frisch gegrabener Fuchsbau lag dieser Tag vor meinem Hund. Verlockend duftend, wunderbar. Was würde heute alles Tolles geschehen? Ein Höhepunkt stand unmittelbar bevor: der Napf. Mein Hund leckte sich übers Maul. Grunzte vorfreudig. Rieb seinen Kopf an meinem Bein, die Katzennummer. Meine Liste ging in die Knie und ich sowieso. Ich sagte all diese Sachen, die man vor Zeugen nicht wiederholen möchte. Jeder Hundefreund hat seine Geheimsprache.

Das war jetzt keine neue Erfahrung, dass der Hund mich beruhigt. Das ist auch wissenschaftlich erwiesen: der Blutdruck sinkt, der Herzschlag verlangsamt sich. Man braucht keine Tabletten, muss bloß den Hund streicheln. Wir schmusten ein bisschen, dann fiel mir meine Liste ein, und ich stand auf, um die Kaffeemaschine anzuschalten. Da ich für den Tag, der vor mir lag, besonders viel Schwung benötigte, dosierte ich das Pulver großzügig. Das war sozusagen mein Napf: die Tasse Kaffee am Morgen.

Der Hund streckte sich noch mal. Aus seiner Yogastellung heraus schaute er mich an. Offen, freundlich, aufmerksam. Warme braune Augen, tiefer Blick. *Du Hund, ich Mensch.* Wieso sollte ich mich beeilen? Was konnte ich verpassen außer diesem Augenblick? Was würde eines Tages im Album meines Lebens zählen? Wie schnell ich das Haus an diesem Morgen verlassen habe oder die innige Begegnung mit meinem lieben Hund? Was war mir wichtig? Und wenn ich es wusste, warum machte ich es nicht einfach? Ich ließ mich zu Boden gleiten, nahm den Vierfüßlerstand ein und ahmte nach, was mein Hund vorgeturnt hatte. Ich dehnte und reckte und streckte mich. Der Hund beobachtete meine Verrenkungen, ich würde behaupten: wohlwollend. Meine Liste rutschte in kleinen Fetzen von meinem Leib.

Der Hund wedelte. »Weißt du, dass es eine Yogaübung gibt, die Hund heißt?«, fragte ich ihn. Blöde Frage. Er schien zuzustimmen. Ja, es ist herrlich, sich morgens zu dehnen und sich ohne lästige Listengedanken auf seinen Napf zu freuen. Mein lieber Hund schaute mich an, neugierig, so schien es mir. Vermutlich dachte er nicht: *Na, endlich hast du es begriffen*. Aber genau so sah er in diesem Moment aus. Ja, jetzt hatte ich es begriffen. Fünfundzwanzig schlappe Jahre und mehrere Gesandte aus dem Hundehimmel hatte es gedauert. Ich bin eben nur ein Mensch.

Mein lieber Hund ist eine Hündin. Sie heißt Miss Lomax, und wie sie zu diesem Namen kam, ist eine lange Geschichte. Vielleicht erzähle ich sie irgendwann mal. Aber in diesem Buch geht es gar nicht um diesen einen Hund. Natürlich ist er der schönste und liebste der Welt. Und weil *jeder* geliebte Hund der schönste und beste ist – wie auch jeder geliebte Mensch, weil sich im Blick der Liebe Schönheit offenbart –, gilt dieses Buch für alle. Wenn wir Zweibeiner manches von dem, was

Der frühe Hund fängt die Wurst.

für Vierbeiner wichtig ist, beherzigen würden, wäre unser Leben oft einfacher. Deshalb schreibe ich ***der Hund*** und meine alle. Groß, klein, weiblich, männlich, Rasse oder Mix, bunt gemischt. Sie alle miteinander zeigen uns Tag für Tag, worauf es im Leben ankommt. Sie schütteln und putzen sich, sie buddeln und jagen, sie wedeln und bellen – Frauchen! Herrchen! Hör doch mal! Schau doch mal! Kapier doch endlich!

Selbstverständlich buddle ich nicht nach Mäusen oder knurre. Aber hin und wieder schadet es nicht, meiner Umgebung ein »Stopp!« zu signalisieren, indem ich die Zähne zeige. Oder eine Pause einzulegen, wenn mir die Zunge raushängt. Vielleicht einen Bogen um Unangenehmes zu schlagen oder Abstand zu halten, sobald sich mir das Fell sträubt. Die Ohren zu spitzen – was ist jetzt wichtig? Kurz: Das Verhalten des Hundes animiert mich seit jener morgendlichen Sternstunde, die gute, die gesunde Mitte in meinem Leben aufzuspüren.

Seither beginne ich meine Tage wie ein Hund. Manchmal nur eine Minute, manchmal sind es zehn oder zwanzig. Ich dehne mich in den Tag hinein in genau der Choreografie, die mir jetzt guttut. Manchmal mit meinem Menschenspielzeug Faszienrolle, manchmal ohne. Der Hund streckt seine Fühler aus in den neuen Tag, und dann ist er fit. Sollte er jetzt gleich einen spontanen Einsatz als Bodenreiniger haben und losspringen, weil mir der Joghurtbecher aus der Hand gerutscht ist, wird er sich nicht verletzen. Er hat sich aufgewärmt, er ist bereit, innerlich und äußerlich. Und ich nun auch. Mein Körper ist warm, mein Herz ist weit. Es macht einen Riesenunterschied, wie ich in den Tag starte. Jede Minute, die ich in die Ruhe investiere, zahlt sich im Verlauf des Tages mit einem Pfund an Gelassenheit aus. Mit Hektik am Morgen beschleunige ich nichts, ich werde eher nervös, schludrig und außerdem schlecht gelaunt, was sich nicht mit der vorbehaltlos begeisterten Begrüßung des Hundes verträgt. Wie sollte ein neuer Morgen Missgefühle wecken? Gar nicht, eben.

Die bloße Anwesenheit eines Hundes hat in Versuchen den Stress der Probanden gesenkt – sie fühlten sich gelassener, besser gelaunt. Hunde führen bei ihren Besitzern zu einer Freisetzung von Endorphinen, bekannt auch als Glückshormone. Außerdem werden die Hormone Oxytocin und Prolactin freigesetzt, die bei sozialen Bindungen eine wichtige Rolle spielen. Interessanterweise profitieren auch Hunde vom Kontakt mit dem Menschen. Bereits ein freundlicher Blickwechsel zwischen Hund und Mensch führt bei beiden zu einer vermehrten Oxytocinausschüttung. Man fühlt sich wohl miteinander.

Ich muss sicher nicht erwähnen, dass ich meine ellenlange Liste an diesem Tag schwungvoll und bestens gelaunt erledigt habe. Wir mögen unseren Hunden Gehorsam und Tricks beibringen, doch wir können auch eine Menge von ihnen lernen, wenn wir den Spieß einmal umdrehen. Und dann ist das Leben mit Hund genauso schön, wie es sich viele von uns vorgestellt haben, als sie sich in ihrer Kindheit eine Lassie, einen Struppi oder Snoopy wünschten. Seit an Seit mit einem Freund durch dick und dünn, über Stock und Stein. Meine erste Lektion habe ich seit diesem Morgen verinnerlicht und auch noch einiges mehr, das ich auf unseren gemeinsamen Streifzügen durch die Seiten für Sie apportieren werde.

»Alles Wissen,
alle Fragen und
Antworten
finden sich im
Wesen des
Hundes.«
Franz Kafka

Wenn ich meinem Hund beim Über-die-Wiese-Rennen zusehe, werde ich fast neidisch. Die Schlappohren fliegen, Grasbrocken schleudern durch die Luft, er scheint zu grinsen. Es muss ein tolles Gefühl sein, so zu fetzen. Genauso beneidenswert, wenn er gemütlich auf seinem Schaffell liegt, hin und wieder vor Behagen grunzt oder im Garten unter halb geöffneten Lidern Welten wahrnimmt, die mir verborgen bleiben. Ja, da habe ich schon manches Mal gedacht: Hund sein wär kein schlechtes Los. Man muss sich um nichts kümmern. Das Leben ist eine Fressnapf-Filiale, und der ganze Stress, der mich oft davon abhält, das zu tun, was ich eigentlich tun will, entfällt. Für Mahlzeiten und ein Dach über dem Kopf ist gesorgt. Und das ist gar nicht so wenig, wie es uns manchmal erscheinen mag. Weil wir längst nicht so viel brauchen, wie wir meinen, damit es uns gut geht. Aber seltsamerweise geht es uns dann doch nicht so gut, wie wir geglaubt haben, und am Ende bleibt nur noch die Sehnsucht nach »endlich Zeit für mich«. Hund möchte ich sein! Ja, Hunde haben Zeit, sogar so viel Zeit, dass sie sich netterweise um das kümmern, was der Mensch sträflich vernachlässigt.

Viele Menschen fühlen sich von unserer Leistungsgesellschaft überfordert. Die Freizeit wird abgearbeitet wie Arbeitszeit, auch Schönes oft nur noch erledigt. Wir wollen immer mehr erleben und verpassen deshalb immer mehr. In uns wächst die Sehnsucht nach Selbstbestimmung, gelebten Werten, Verbundenheit, Natur,

Spontaneität, Leichtigkeit, Lebensfreude und der Erfahrung, im Jetzt zu sein. Manchmal ist sie der Grund für die Anschaffung eines Hundes. Der Vierbeiner soll dem Zweibeiner helfen, sich zu erden. Das kann gut gehen; der Hund, der uns Zeit schenken soll, kann aber auch zu einem Stressfaktor werden. Gassigehen ist dann manchmal keine Freude mehr, sondern eine lästige Pflicht. Davon zeugen auch die vielen Hundesitter und Hutas (Hunde-Tagesstätten), vor allem in Großstädten. Vor lauter Alltag übersehen wir die Perlen schöner Momente.

Doch wenn wir uns auf das Wesen unserer vierbeinigen Freunde einschwingen, erkennen wir, dass sie uns Schlupflöcher aus dem Alltag anbieten. Folgen wir ihnen?

Warum sollten Sie mir folgen?

Weil ich seit vielen Jahren mit Hunden lebe, zahlreiche Bücher rund um das Thema Hund geschrieben habe, auch gemeinsam mit einer bekannten Hundetrainerin, weil ich außerdem Menschen-Coaching gelernt habe und einen beliebten Hundeblog führe? Es geht auch einfacher, ich bin immer für einfach. Wie wäre es mit einem hundlichen Kriterium: Weil diese Buchstabenfährte interessant riecht?

Das Glück winkt mir
mit vier Pfoten …
… wenn ich den Tag beginne,
indem ich mich räkle und
dehne, wie es mir guttut.
Guten Morgen, schön dass
du da bist, lass uns
gemeinsam einen
wunderbaren Tag erleben.

Der Mensch denkt, der Hund lebt

Hunde haben Flöhe, das behaupten viele, die ohne Hunde leben. Gewiss, freilebende Hunde werden von zahlreichen Parasiten angezapft. Unsere Haushunde eher selten, und außerdem gibt es dafür Prophylaxe.

Leider haben wir Menschen keine solche Prophylaxe und bräuchten sie doch dringendst. Unsere Quälgeister und Blutsauger und Um-den-Schlaf-Bringer sind mindestens genauso lästig wie ein Sack Flöhe. Wir haben sie allerdings säckeweise. Gedanken nämlich. Und es gibt kein Gedankenspray oder -pulver, kein Antigedankenhalsband, keine Tropfen auf den Nacken, die sie bannen. Dabei sind sie wirklich schlimme Parasiten, die uns das Leben mehr als vermiesen können. Aber das merken wir manchmal gar nicht. Wir haben uns schon so daran gewöhnt, uns permanent aus unserem Leben herauszudenken, aus der Gegenwart herauszudenken, dass es uns gar nicht mehr auffällt, wenn wir nur körperlich anwesend sind. Was unseren Hunden sehr wohl auffällt.

Aber leben wir auch deswegen mit Hunden, damit sie uns die Fährte ins Jetzt zeigen? Damit wir in ihrer Anwesenheit so manchen Verdruss vergessen? Auf langen Spaziergängen zum Beispiel. Ja, das wäre schön, wenn ich mit meinem Hund Gassi gehen würde. Leider führe ich manchmal nur meine Gedankenflöhe aus. Ich verlasse das Haus, ich komme zurück und bin nicht durch den Wald gelaufen, sondern habe ihn gar nicht gesehen vor lauter Bäumen sprich Brettern vor meinem Kopf. Oder Bohrern darin.

Es ist nämlich so, dass ich einen Zahnarzttermin habe. Also nicht heute, sondern in zwei Wochen. Weil es wirklich eine große Sache ist, haben sich ganze Heerscharen von Flöhen und Zecken darauf gestürzt, die an dem Termin hängen und ihn immer größer machen. So dick, dass ich den Hund kaum mehr sehen kann, der locker vor mir läuft. Er schnuppert mal unter einer Buche, dann an eine Birke, dreht sich immer wieder zu mir, sommeliert an einem Holunder und im Moos, und dann gibt er auf. Kein Wunder, schließlich ist er allein unterwegs. Frauchen befindet sich auf dem Zahnarztstuhl. Dort habe ich mich selbst festgeschnallt, und was außen rum noch so passiert, keine Ahnung, ich kann mich nicht auf alles gleichzeitig konzentrieren. Ja, mag sein, dass es ziemlich gut riecht nach dem Regen heute Nacht, aber ich bin in einer eitrigen Nelkenwolke und höre nicht den dicken Hummelbrummer, der um meinen Kopf kreist, sondern den dünnen Hochleistungsbohrer. Den in zwei Wochen, wohlgemerkt.

Ich will das nicht. Es passiert. Ich kann es nicht kontrollieren, immer wieder rutsche ich zurück auf den Zahnarztstuhl, was heißt hier rutsche, ich schnalze zurück, als wäre ich an ein Gummiseil getackert. Es ist einfach nur ätzend und lächerlich. Ich bin nicht jetzt beim Zahnarzt, sondern in zwei Wochen, und bis dahin könnte ich schon gar nicht mehr da sein, also insgesamt, und dann hätte ich meine letzten Tage auf Erden in einem Zahnarztstuhl zugebracht! Den es gar nicht gibt. Nein, das ist nicht lustig. Aber wie krieg ich diese Gedankenflöhe los? Heute ist es der Zahnarzt, und was ist es morgen? Immer ist irgendwas, das mich aus der Gegenwart kickt. Wenn es jucken würde, hätte ich mir längst das Fell vom Leib gekratzt.

Der Hund kommt zurück, als hätte ich ihn angesprochen. Legt den Kopf schräg und schaut mich an. Prüfend kommt es mir vor, und ich fühle mich ertappt.

»Hey, das ist nicht so einfach!«, sage ich.

»Ja, du, du hast leicht reden!«, fahre ich albernerweise fort. »Du weißt ja nicht, dass du nächste Woche zum Impfen musst. Wenn ich das nicht wissen würde mit dem Zahnarzt, dann, ja dann …«

Der Hund hebt den Kopf und schnuppert. Dann lauscht er, seine feuchte Nase zuckt. Er geht ein paar Schritte in die Wiese, verharrt, lauscht und wittert.

»Impfen ist gar nicht schlimm«, sage ich. »Nur die Nadel an dem Ort, wohin du bestimmt nicht willst. Du weißt schon, dieses Zimmer, in dem es so grässlich nach Angst riecht.«

Ich bin gemein, so gemein!

Der Hund fängt an zu buddeln. Er hat eine Maus gerochen. Die ist ihm wichtiger als die Impfung. Der

Hund lebt im Jetzt. Er macht sich keine Gedanken über ungelegte Eier. Er kümmert sich um das, was jetzt ist. Und da schlüpft weit und breit keine Spritze aus dem ungelegten Ei. Einen Teufel wird er tun, sich die herbeizufantasieren, da würde er ja all das andere, was da ist, verpassen. Zumal das so schön ist. Wenn er sich während des Impfens auf einer Wiese wähnen würde ... tja, das wäre sinnvoll. Aber doch nicht umgekehrt! Nur ist das eben die Regel beim Menschen. Vermutlich liegt es daran, dass er als Zweibeiner unausgereift in Serie gegangen ist. Seine Sinne sind defizitär ausgeprägt, aber, was noch entscheidender ist: Er vertraut ihnen nicht.

Ich rieche, ich höre, ich sehe, ich fühle, ich schmecke ... wenn auch anders als der Hund. Manches besser als er, manches schlechter, aber ich nutze schon auch ein paar Sinne. Bloß interessieren mich Mäuse eben nicht. Also solche. Immerhin habe ich jetzt vor lauter Nachdenken die Zahnarztpraxis verlassen.

Wahrscheinlich würde mein Hund mich bedauern, wenn er wüsste, welcher Juckreiz mich quält. Für den Hund zählt, was jetzt ist. Was davor war, ist vorbei, was danach kommt, ist noch nicht da. Alles, was Bedeutung hat, ist dieser Augenblick: jetzt. Und der nächste. Jetzt buddelt er nach einer Maus. Jetzt läuft er am Wiesenrand. Jetzt liegt er unter dem Tisch. Jetzt beobachtet er die Spatzen im Baum. Jetzt spielt er mit dem Ball. Natürlich kann er sich erinnern, und er hat auch in die

Zukunft gerichtete Pläne. Aber das, was jetzt gerade ist, erfüllt sein Leben.

Aus die Maus, ich übertrage es mal auf mein Leben. Wenn ich esse, soll ich nicht Zeitung lesen. Wenn ich Gassi gehe, soll ich nicht telefonieren. Ich soll das, was ich tue, mit allen meinen Sinnen erleben. Sonst merke ich ja gar nicht, was ich mache. Und esse zu viel und weiß später nicht mehr, wie es geschmeckt hat. Genauso wenig weiß ich später noch, was ich gelesen habe. Denn alles auf einmal bedeutet ja nicht, dass ich mehr aufnehme, sondern immer nur die Hälfte. Und wenn ich nebenbei noch mehr mache, dann bleibt immer weniger, bis gar nichts mehr da ist. Nur der Zahnarzt.

Es ist Anfang Juni, und wir laufen über einen schmalen Feldweg an einem Rapsfeld entlang. In zwei Wochen um die Zeit habe ich den Zahnarzt hinter mir, denke ich.

Wo dein Hund ist,
spielt die Musik.

Knallblau der Himmel, knallgelb der Raps. Und ich: Knall im Kopf. Wieso denke ich in dieser wundervollen Umgebung so einen Blödsinn? Wieso denke ich fast immer, glaub ich zumindest, irgendwas?

Manchmal denke ich tatsächlich mit mehr oder weniger Sinn. Was ich nachher einkaufen werde. Ob ich es heute noch zum Sport schaffe. Dass ich Ulrike zum Geburtstag gratulieren will.

»Das ist, weil du viel kleiner bist als ich«, sage ich zu meinem Hund. »Du bist näher dran am Boden. Bei mir ist der Kopf zu weit oben, verstehst du? Das ist nicht so einfach mit so einem Kopf. Außerdem hast du ja viel bessere Sinne als ich. Was du alles riechst und hörst und so. Ja, mit so einer Ausstattung würde ich auch keinen solchen Quatsch denken.«

Tatsächlich?

Ich bleibe stehen und schließe die Augen. Es dauert nicht lang, dann wird die Welt weit und bunt. Ich höre Blätter rascheln und Wind, aus der Geräuschkulisse der Vögel im Allgemeinen treten einzelne Sänger hervor. Irgendwo über uns fliegt ein Flugzeug, vielleicht tuckert auch ein Traktor in der Ferne, und über allem liegt das Frühsommersummen, das auch duftet. Nach Erde und fruchtig, nach Honig und Gras und Brennnesseln. Mit geschlossenen Augen schalte ich sinnlich von Schwarz-Weiß auf Farbe. Es ist fast so, als würde ich die laue Luft schmecken. Auch meinen Körper nehme ich auf einmal wahr. Der war vorhin einfach mit dabei, wo sollte er

»Der Hund braucht sein Hundeleben. Er will zwar keine Flöhe haben, aber die Möglichkeit, sie zu bekommen.«
Robert Lembke

auch sonst sein. Nun merke ich, dass meine Schultern angespannt sind. Ich versuche sie loszulassen, atme tief durch, öffne die Augen. Ganz schön gelb hier am Waldrand nah beim Raps. Meine Nase kitzelt.

Nein, ich kann nicht riechen, was du riechst, lieber Hundling, und auch nicht hören, was du hörst. Ich kann das Magnetfeld der Erde unter meinen Ballen nicht spüren so wie du. Aber wir beide, du und ich, wir sind Geschöpfe dieser schönen Welt, und wir atmen die gleiche Luft. Ich sehe Grün und Rot und Blau. Was du siehst, weiß ich nicht genau. Man hat herausgefunden, dass ihr Hunde so ähnlich Farben seht wie Menschen, die an einer Rot-Grün-Sehschwäche leiden. Ein roter Ball fordert euch also mehr heraus als ein gelber, aber da kann man als Hund ja die Nase dazuschalten. Die ist phänomenal. Wobei ihr auch ziemlich gut seht, aber eben anders. Nämlich schärfer und schneller als wir Menschen. Das fällt mir immer wieder auf, wenn ich ein Leckerli fallen lasse oder werfe. Ich kann es nicht verfolgen im Flug, aber *schnapp,* hast du es gefangen. Dein Gesichtsfeld ist größer. Man sagt 250 Grad im Vergleich zu 180 beim Menschen. Mit so einem Panorama könnte ich auch entspannter mit Zahnärzten umgehen. Ich würde die ausblenden oder schrumpfen in der kompletten Ansicht.

Probeweise schalte ich auf Panoramablick und versuche wahrzunehmen, dass oben und unten und rechts und links auch noch was ist. Alles fühlt sich sofort leichter, weiter, freier an. Ist das eine coole Strategie! Ich bin begeistert. Und das Panorama ist bei Hunden einfach so in Serie verbaut, keine Sonderausstattung. Der Mensch denkt, der Hund lebt.

Der Hund wendet sich ab von mir und läuft weiter. Ich folge ihm, was sonst, das altbekannte Spiel. Das Rapsfeld verwandelt sich in eine Löwenzahnwiese. Erste Wattefallschirmchen fliegen. Die Flöhe aus meinem Kopf springen ab, entern die Fallschirmchen und fliegen weg. Ist das verrückt? Nein, verrückt ist, dass es mir erst viel später auffällt, dass ich den Zahnarzt vergessen habe. Ich habe ihn weggerochen und gehorcht und geschaut und gefühlt und geschmeckt.

Es liegt an mir, wie ich die Zeit mit meinem Hund gestalte. Indem ich meinem Hund folge, pflücke ich mir einen Strauß Schlüsselblumen zu mehr Lebensqualität. Denn Hunde müssen in Zahnarztpraxen draußen bleiben.

Ob sie das aber gut finden? Ganz ehrlich glaube ich, dass sie gar nichts dagegen haben, wenn uns hin und wieder Gedankenflöhe piesacken. Dann sind wir nämlich so beschäftigt, dass wir nichts davon mitkriegen, wenn sie sich ganz unauffällig mal kurz ins Unterholz verdünnisieren. Sie merken genau, wann die Flöhe in unserem Kopf uns ablenken, wann wir mit unserem geistigen Juckreiz beschäftigt sind. Und ich weiß nicht, ob das jetzt ein Gedankenfloh oder die Wahrheit ist, wenn ich mir vorstellen kann, dass unsere Hunde mit unseren Gedankenflöhen kommunizieren. Denn mit Flöhen kennen sie sich aus. Und pfeifend, als wär nichts geschehen, tauchen sie nach einer Weile im Unterholz wieder auf. Für uns war auch nichts. Wir waren ja anderweitig beschäftigt mit der Vermeidung der Gegenwart, sprich unserem Juckreiz.

Das Glück winkt mir
mit vier Pfoten …
… wenn ich meine Sinne auf unseren
Spaziergängen als Flohhalsband
gegen lästige Gedanken nutze.

Hund … und …

»Wissen Sie, wer Ihr Hund ist?«, fragt mich die Frau, die mir gelegentlich beim Einkaufen begegnet. Wir haben noch nie miteinander gesprochen, uns nur hin und wieder gegrüßt.

Ja, das frage ich mich in letzter Zeit auch immer öfter, denke ich. Ob man mir das ansieht?

»Wie meinen Sie das?«, erkundige ich mich sicherheitshalber.

»Welche Seele sich in ihm inkarniert hat«, erläutert sie ungeduldig.

Ich schaue sie begriffsstutzig an.

»Also, in meinem Nico, da ist mein verstorbener Mann drin. Am Anfang war ich noch unschlüssig. Gewünscht hätte ich es mir schon. Aber man weiß es halt nicht.«

»Aha.«

»Dann war ich mir aber doch sicher. Kann ja gar nicht anders sein, oder?«

»Nein, nein«, sage ich hastig.

Die Frau lächelt. »Und bei Ihnen?«

»Also, bei mir«, wiederhole ich, »tja. Ich weiß es nicht.«

»Sie wissen es nicht?«, fragt sie streng. »Haben Sie denn keine Verstorbenen, die Ihre Nähe suchen?«

Ich zucke mit den Schultern. Dann fällt mir auf, dass das auch bedeuten könnte, dass die Verstorbenen meine Nähe meiden.

»Ist Ihnen noch nie ein lieber Mensch gestorben?«

»Doch …«, sage ich zögernd.

»Wenn die Liebe sehr tief ist, beendet der Tod sie nicht. In der Gestalt des Tieres kann uns ein Verstorbener weiterhin begleiten.«

»Sie meinen also«, fasse ich zusammen, »dass verstorbene Menschen in Tieren wiedergeboren werden.«

»Natürlich!«, sagt die Frau in einem Ton, als hätte ich sie gefragt, ob es bei Edeka Milch gäbe.

»Weiß der Hund, dass er Ihr Mann ist?«, frage ich.

Die Frau schüttelt den Kopf. »Nein, das kann er nicht wissen.«

»Was bringt das Ganze dann? Sie hätten doch nur etwas davon, wenn der Hund wüsste, dass er Ihr Mann war!«

Die Frau bedenkt mich mit einem mitleidigen Blick, der mich am allermeisten in diesem Dialog verunsichert.

»Sie sind wohl noch nicht so weit«, stellt sie fest und wendet sich ab.

Verblüfft schaue ich ihr nach. Ich bin noch nicht so weit? Wie weit? Und will ich da tatsächlich hin?

»Ich hoffe zuversichtlich,
im Himmel
meinen Hunden
wiederzubegegnen.«
Otto von Bismarck

Mein Hund schnuppert am Trottoir. Dann bleibt er stehen und schaut in die Ferne. Ein Mann hat seinen Hund aus einem Kofferraum gehoben. Der orientiert sich kurz und läuft auf uns zu.

»Was ist er?«, ruft der Mann von Weitem.

Wer oder was?, denke ich.

»Er ist eine Sie«, ruft ich zurück.

»Also ein Mäderl.«

Nein, ein Hund, denke ich und sage es nicht. Denn … wer weiß das schon?

Das Glück winkt mir mit
vier Pfoten …
… und bin ihm treu,
solange ich atme.

Bogen statt Schlagen

Mein Hund und ich, wir sind Landeier. Unser Revier ist das Fünfseenland bei München. Wie der Name verspricht: Naherholung für Städter. Naherholung für Ländler gönne ich mir manchmal in der Stadt.

Wenn wir durch unser angestammtes Revier streifen, begegnet uns meistens keine Hundeseele. Ich stelle mir vor, dass es schön für den Hund ist, wenn er ordentlich was zum Schnuppern hat in der Stadt. So viele Artgenossen haben Nachrichten hinterlassen. Man sagt, das sei wie Zeitunglesen für den Hund. Ein Leben ohne Buchstaben kann ich mir als Schriftstellerin nicht vorstellen. Insofern gehören die Ausflüge nach München zur Grundversorgung. Also für mich, die ich meinen Hund wieder mal gnadenlos vermenschliche. Doch wir laufen natürlich nicht durch die Fußgängerzone, sondern an der Isar entlang, wo es von Hunden wimmelt.

In einer Stunde habe ich einen unangenehmen Termin. Ich nutze die Zeit zur Vorbereitung und rufe mir noch einmal alles ins Gedächtnis, was ich meinem Vermieter sagen möchte. Dass es nämlich das Letzte war, mich vor vollendete Tatsachen zu stellen, genau genommen eine Unverschämtheit; dass er zudem gelogen hat, weil ich es gesehen hätte, wenn er mich angerufen hätte, wie er behauptete; dass er Absprachen nicht nach Lust und Laune ändern könne und noch einiges mehr. Ich werde ganz klar Stellung beziehen und mich nicht einwickeln lassen. Klare Kante!, ermahne ich mich. Nicht ständig schwanzwedeln. Ruhig mal Zähne zeigen. Aber froh wäre ich schon, wenn der Termin hinter mir läge. Ich hab es lieber flauschig.

Mein Hund läuft locker flockig unbeschwert vor mir. Kurz beneide ich ihn. Der muss zu keinem Herrn Kolb, kann ganz entspannt strawanzen und Zeitung lesen.

Ein Königspudel nähert sich.

Gleich bei der Begrüßung werde ich Herrn Kolb fest in die Augen schauen, ihm die Hand quetschen und signalisieren, dass ich seine Lügen durchschaut habe.

Mein Hund und der Pudel drehen eine Runde umeinander.

Ganz bestimmt *nicht* werde ich um den heißen Brei herumreden, sondern Herrn Kolb klipp und klar sagen, dass sein Verhalten nicht akzeptabel ist. Und respektlos.

Mein Hund und der Pudel halten noch immer Abstand.

»Hunde lieben ihre Freunde und beißen ihre Feinde. Anders der Mensch: Er ist unfähig zu reiner Liebe und muss stets Liebe und Hass unter einen Hut bringen.«
Sigmund Freud

Jawohl, respektlos, wiederhole ich in Gedanken, als sich die beiden vorsichtig beschnuppern. Nach einer Weile trennen sie sich, jeder läuft in seiner Richtung weiter. Da kommt schon der nächste Kandidat. Wahrscheinlich ein Südländer, noch kein Jahr alt, bunt gescheckt und sehr kommunikativ. Rast von fern los auf Miss Lomax, die so etwas nicht ausstehen kann, und als der junge Hund in ihr Hoheitsgebiet eindringt, zeigt sie ihm unmissverständlich, dass er sich zu benehmen habe. Was er auch sofort tut. Miss Lomax als die Ältere lässt sich nun erst einmal die Papiere des Jungspunds zeigen. Gründlich beschnüffelt sie seine Legitimation, dann lässt sie ihn passieren. Abschließend geht man gemeinsam noch auf einen Tropfen an die Bar unter einem Baum. Und zieht dann weiter, jeder seines Weges.

Auf den dritten Hund läuft Miss Lomax zu. Er ist ungefähr so groß wie ein Meerschweinchen, und ich befürchte, die Besitzerin wird ihn vom Boden reißen. Das ist nicht schön für die Hunde, die wegen der Angst ihrer Besitzer nie mit Artgenossen kommunizieren können. Wenn sie den Kontakt nicht üben, kann es auch mal schiefgehen, was die Angst bestätigen würde – ein Teufelskreis, der den kleinen Hund immer mehr isoliert. Miss Lomax nähert sich ihm von der Seite, schnuppert, lässt auch mal schnuppern, sie gehen einen Kreis und verabschieden sich, als ein anderer Hund auf den Kleinen zurennt, schnurstracks. Das gefällt dem Kleinen nicht, er kläfft den Großen an. Woraufhin der sich trollt.

Wenn ich jetzt gleich Herrn Kolb anblaffe, ihm Respektlosigkeit und Fehlverhalten vorwerfe, wenn ich ihm aufs Brot schmiere, dass er mich angelogen hat, wenn ich ihn in die Ecke dränge, sodass er mit dem Rücken zur Wand steht … Was kann er dann noch tun? Zähne fletschen, knurren, mich anbellen und eventuell angreifen. Ich werde mich wehren, und dann gehen wir uns gegenseitig an die Gurgel. Natürlich nur verbal, wir sind ja so wahnsinnig zivilisiert.

Werde ich damit den Konflikt lösen? Nein, ich krieg einen neuen an die Backe. Wird es mir danach besser gehen? Nein. Will ich Herrn Kolb vernichten? Nein, Herr Kolb ist mir eigentlich wurscht. Ich will, dass die Sache fair geregelt wird. Und vor allem bin ich an einer langfristigen Perspektive interessiert. So wie ein friedliebender Hund.

Hunde sind Rudelwesen. Nur die wenigsten liebäugeln mit dem Chefsessel. Sie wollen, dass in ihrer Gruppe keine Konflikte aufploppen. Für ein Rudeltier ist es die erste Priorität, dass die Luft nicht dick wird. Es bevorzugt Friede, Freude, Eierkuchen, denn das garantiert das Überleben des Rudels. Mein Hund weiß, dass wir entspannter leben, wenn ich Herrn Kolb nicht an die Gurgel gehe. Er schätzt seine Hundehütte und sein Revier und ist total egoistisch. Er denkt nur an sich. Und weil er an sich denkt, denkt er an mich. Der Egoist möchte, dass es ihm gut geht. Es geht ihm aber nur gut, wenn es den Leuten um ihn herum auch gut geht. Wenn die Kummer haben oder Stress machen, geht es ihm nicht gut. Also tut er alles, damit es den anderen gut geht: damit es ihm gut geht. Und das betreibt er beharrlich. Es ist ihm völlig egal, wenn er als Egoist gilt, so hartnäckig altruistisch ist sein Egoismus.

Mein Hund wahrt seine Interessen nicht, indem er jedem erstbesten Impuls nach- und sich seinen Affekten hingibt. Nein, strategisch behält er sein übergeordnetes Ziel im Auge: die Ressourcen sichern. Und das wird Herrn Kolb leichterfallen, wenn ich ihn nicht mit Worten an die Wand nagle. Womöglich hüllen sich Hunde auch in Schweigen, um diese Gefahr zu bannen.

Also kann ich genauso gut dem Rat meines Hundes folgen. Ich stürme nicht mit gezückter Waffe auf Herrn Kolb zu und starre ihn wild an, meine auftoupierten Haare gesträubt, sondern nähere mich geschmeidig in friedlicher Absicht. Und freundlich. Ich schaue ihm in

Wie du in den Wald
hineinbellst, so schallt
es heraus.

die Augen, aber ich bedränge ihn nicht. Dann muss er sich nicht verteidigen, sondern wir können sachlich über den Konflikt sprechen. Schließlich bin ich genauso gut erzogen wie mein Hund. Nur unerzogene Hunde würden sich einem Artgenossen laut und frontal nähern, ihn mit gebleckten Zähnen anstarren und eine Verwarnung riskieren. Gut erzogene Hunde lassen anderen Raum.

Wenn sich zwei anständig sozialisierte Hunde treffen, gehen sie nicht frontal aufeinander zu. Sie schlagen einen Bogen und zeigen so ihre friedliche Absicht. Wenn sie reden könnten, würden sie wahrscheinlich gewaltfreie Kommunikation praktizieren. Der Bogen ist wie ein Konjunktiv, der jedem Platz lässt und niemanden bedroht, sein Gesicht zu verlieren. Wenn Hunde doch einmal frontal auf den anderen zustürmen, sind sie nicht gut gelaunt, sondern auf Krawall gebürstet … oder laden zu einem Spielchen ein. Aber spielen möchte ich nicht mit Herrn Kolb.

Und das muss ich nach dem Pfotenzeig meines Hundes auch nicht. Wie dezent er es wieder einmal rübergebracht hat, obwohl ich es bis heute nicht kapiert habe und ihn meistens direkt »angehe«, ja mich sogar sträflicherweise über ihn beuge, womöglich meine Pfote auf seinen Rücken lege – die pure Aggression. Aber er verzeiht mir meine grobe Unhöflichkeit. Er kennt mich, ich bin ein Zweibeiner, was will man da groß erwarten.

Das Glück winkt mir mit vier Pfoten …
… wenn ich einen Bogen schlage, um mein Ziel zu erreichen.

Wo die Liebe hinfällt

... und dann war es um mich geschehen!

Wer diesen Satz hört, weiß, dass es um alles geht. Manchmal auch wörtlich: Ich war rettungslos verloren.

Später fragt man sich manchmal, warum man sich ausgerechnet in diesen Menschen verlieben musste. Der doch überhaupt nicht zu einem passte: Das war der schlimmste Fehler meines Lebens. Aber später ist immer zu spät. Und dann möchte man verstehen, wie es dazu kommen konnte, und pendelt – je nach Tagesform – zwischen »Gegensätze ziehen sich an« und »Gleich und gleich gesellt sich gern«.

Die Liebesgeschichten zwischen Menschen und Hunden folgen demselben Drehbuch. Deshalb lassen manche Hundezüchter ihren Käufern keine freie Wahl, sondern praktizieren indische Verhältnisse. Nach intensiven Gesprächen mit den Käufern suchen sie einen Hund aus. Was der These, dass jeder Mensch den Hund bekommt, den er verdient, keinesfalls widerspricht.

Wie geheimnisvoll die Liebe ist, kann man auch daran ablesen, dass sie noch immer nicht mit »Eins und eins ergibt zwei« zu erklären ist. Verlieben wir uns in die Menschen, die unserer Nase nach am besten riechen oder deren Geld schön stinkt? Sind wir auf Äußerlichkeiten fixiert, steuern die Gene uns – und können Hunde auch lieben? Ja, natürlich!, sagen die einen. Nie im Leben!, widersprechen die anderen. Aber kommt es überhaupt darauf an, ob wir geliebt werden? Ist es nicht viel erfüllender, zu lieben?

Heute darf man laut und ohne für verrückt erklärt zu werden bekennen, dass ein Hund zur Familie gehört. Man darf sogar sagen: »Ich liebe meinen Hund.« Ist das nicht sogar die reinste Form der Liebe, da niemand auf eine Liebeserklärung die Antwort »Ich dich auch« erwartet?

Es ist eine selbstlose Liebe, in der wir uns im stechenden Regen gegen den Wind stemmen, bloß um dem Hund eine Freude zu machen. Wir stehen zitternd am Rand matschiger Wiesen, weil der Hund einen Spielkameraden gefunden hat, bereiten übel riechende Mahlzeiten zu; selbst Vegetarier schrecken nicht vor Warteschlangen in Metzgereien zurück. Wir tüten Hinterlassenschaften ein und halten stoisch Stinkbomben aus – fluchen nicht mal, sondern freuen uns über die

»Wer nie einen Hund gehabt hat, weiß nicht, was Lieben und Geliebtwerden heißt.«
Arthur Schopenhauer

gute Verdauung oder machen uns Sorgen wegen der Verstopfung des Hundes. »Das hat der sich bei mir abgeschaut«, sagt Sabine. »Ich meine, ein Hund hat doch normalerweise keine Verstopfung, oder?«

Sabine ist sehr dünn. Ihr Berner Sennhund Benno ähnelt einem Fass. Aber seltsamerweise findet Sabine, die sich selbst als mollig bezeichnet, Benno nicht zu dick. Er bekommt all das, was sie sich versagt.

Kira aus Griechenland kann nicht allein bleiben. »Das liegt an ihrer Vergangenheit«, sagt ihr von Haus aus ängstliches Frauchen, das ihr ganzes Leben auf den Hund eingestellt, ja sogar die Arbeitsstelle gewechselt hat. Und der jähzornige Ulli geht nur noch nachts Gassi, weil sein Schäfermix leinenaggressiv ist.

In meiner Zusammenarbeit mit der Hundetrainerin und -psychologin Stephanie Lang von Langen, die auch Therapiehunde und Trainer ausbildet, habe ich sehr viel Leid gesehen und mich oft gefragt, warum die Liebe ge-

Wenn du glaubst, es geht nicht mehr, kommt von irgendwo ein Hündlein her.

nau dorthin gefallen ist, wo sie alles andere als glücklich macht. Oder lieben diese Menschen ihre Hunde ganz besonders, wenn sie so viel auf sich nehmen? Und widersprechen sie dem Buchtitel, dass das Glück vier Pfoten hat?

Ich glaube, wir müssen die Sprache der Hunde übersetzen – so wie es die Tierärztin Dr. Wilma Staffa macht. Eines Tages fiel ihr auf, dass Hundehalter oft dieselben Symptome wie ihre Tiere zeigen. Was war nun zuerst da? Viele Jahre erforschte Wilma Staffa dieses Phänomen, bis sie überzeugt davon war, dass unsere Tiere Spiegel unserer Seele sind und uns mit ihren Krankheiten und Befindlichkeitsstörungen geheime Botschaften zukommen lassen. Denn sie möchten, dass es uns gut geht. Sie möchten uns in unser Glück lotsen. Wenn wir in die Irre laufen, machen sie uns darauf aufmerksam.

Einem Hund ist es egal, welches Auto wir fahren und wie groß unsere Wohnung ist, ob wir Brillanten tragen oder Brillen aus dem Supermarkt. Er kümmert sich nicht darum, ob unser Kinn doppelt oder die Oberschenkel voller Dellen sind. Hauptsache, sie tragen uns durchs Leben. Ein Hund weiß, worauf es ankommt und wie sich das Leben anfühlt. Also innen drin. Orangen an den Oberschenkeln, Wülste am Bauch, zu groß, zu klein, zu dick, zu dünn, alles egal, der Hund kennt kein *zu*. Frauchen und Herrchen sind wunderbar, genau so, wie sie sind. Der Hund würde keinen Millimeter Verstand darauf verschwenden, sich vorzustellen, Frauchen könnte fünf Kilo weniger oder Herrchen könnte fünf Zentimeter mehr haben. Für unsere Hunde sind wir genau richtig, so wie wir sind.

Und wenn wir mal die Vorstellungen beiseite lassen, die unsere Lebensfreude ersticken und uns damit quälen, wie wir sein könnten, sollten, müssten ... Und wenn wir uns allein auf unser Gefühl konzentrieren? Meine Beine tragen mich durchs Leben. Kein Wunder, dass Hunde sie lieben, egal wie sie beschaffen sein mögen. Denn gibt es was Tolleres als Streifzüge mit Herrchen und Frauchen? Also stelle ich mich vor den Spiegel und freue mich, dass ich genau so bin, wie mein Hund mich wunderbar findet. Die berühmte Anthropologin Margaret Mead soll sich jeden Morgen vor dem Spiegel zugerufen haben: »Gott sei Dank, dass ich Margaret Mead bin!« Als ich das hörte, musste ich laut lachen. Und ich kann eine solche individuelle Begrüßung von ganzem Herzen weiterempfehlen. Mein Hund findet das auch, er wedelt wie verrückt, wenn ich das in die Welt rufe. Aber meistens findet unsere Kommunikation leise statt.

Im Zusammenleben mit unseren Hunden sind uns feine Antennen gewachsen – sowohl den Zwei- als auch den Vierbeinern. Wir wissen, was mit unseren Liebsten los ist, ob sie Kummer haben, wie es ihnen geht. Die Hund-Mensch-Kommunikation ist dabei einzigartig, weil der Hund im Laufe der Jahrtausende gelernt hat, die Sprache der Menschen zu verstehen. Forscher haben festgestellt, dass die Hirnströme von jungen Hunden nach einigen Wochen des Zusammenlebens mit Menschen denen von Kindern ähneln, die zweisprachig aufwachsen. Sie entwickeln zwei Sprachzentren, eins für die Hundesprache und eins für die Menschensprache, und können dazwischen hin und her switchen.

Schon ab der sechsten Lebenswoche reagieren Hunde auf Zeigegesten und folgen mit ihren Augen der Richtung, in die wir deuten, anstatt den Finger anzustarren, wie es weniger hoch entwickelte Tiere tun. Hunde haben im Verlauf der Evolution gelernt, unsere Körpersprache zu lesen. Sie sind sogar in der Lage, uns nachzuahmen: Wenn ein Mensch einen Hund begrüßt, lächelt er, er zeigt dem Hund also die Zähne, was in der Sprache des Hundes keine Freundlichkeit, sondern eine Bedrohung darstellt. Hunde haben aber gelernt, dass wir Menschen komisch sind, und um uns entgegenzukommen, entblößen manche Hunde bei der Begrüßung ihrer zweibeinigen Rudelmitglieder ebenfalls die Schneidezähne. Oder »grinsen«, wenn sie gestreichelt werden. Sie haben ein menschliches Signal für Wohlbefinden übernommen, obwohl es in ihrer Sprache das Gegenteil bedeutet.

Wölfe sind dazu nicht imstande, aber die leben ja auch nicht mit uns unter einem Dach und führen auch keine solche Doppelexistenz wie Hunde, die in gewisser Weise wie Agenten agieren. Zum einen leben sie in ihrer angestammten Hundewelt, zum anderen müssen sie die Regeln der Menschenwelt verstehen. Das ist etwas anderes als unsere Doppelexistenzen, in denen wir einerseits unser Bürogesicht zeigen und andererseits ein Privatmensch sind. Hunde sind in zwei grundsätzlich verschiedenen Sphären zu Hause, was auf ihre enorme soziale Kompetenz verweist.

Von der könnten wir uns bisweilen eine Scheibe abschneiden. Wir sind nicht so flexibel im Umgang mit verschiedenen Welten wie Hunde und stoßen oft schon an unsere Grenzen, wenn wir das Verhalten eines Nachbarn tolerieren sollen. Dabei gehört der Nachbar zur Gattung Mensch … außer in Bayern, wo es manchmal heißt: »A Hund is er scho.« Aber das ist dann eher ein Kompliment.

Die herausragenden Fähigkeiten von Hunden erstaunen Forscher immer wieder. Sie sind vergleichbar mit Kindern im Alter bis zu drei Jahren. Hunde können sogar Rückschlüsse ziehen. Angenommen, ein Hund kennt die Bedeutung des Wortes »Ball«. Lege ich einen Schuh neben den Ball und fordere ihn auf, mir den Schuh zu bringen, wird er in vielen Fällen zu dem Ergebnis kommen, dass Schuh das Ding neben dem Ball sein muss. Aus diesen und vielen anderen Beobachtungen ziehen wir auch einen Rückschluss, nämlich den, dass Hunde eine artübergreifende Beziehung mit der Spezies Mensch eingehen möchten, dass sie mit uns kommunizieren wollen. Und das wollen wir ja auch. Allerdings verstehen wir die Hunde oft weniger als sie uns, obwohl es so viele Bücher über die Hundesprache gibt. Doch sie sind halt nicht von Muttersprachlern verfasst.

»Gib dem Menschen einen Hund, und seine Seele wird gesund.«
Hildegard von Bingen

Die Psychologin Alexandra Horowitz geht davon aus, dass Hunde eine rudimentäre Theorie des Geistes besitzen. Dazu gehört die Fähigkeit, sich in die Gemütslage eines Menschen hineinzuversetzen und darauf zu reagieren. Dies wurde eindrucksvoll an Hunden nachgewiesen, die darauf trainiert sind, sechs Minuten lang regungslos liegen zu bleiben. Währenddessen wurden ihnen in einem MRI-Gehirnscanapparat verschiedene Tonaufnahmen vorgespielt, darunter jaulende, winselnde und im Spiel bellende Hunde sowie lachende und weinende Menschen. Die menschlichen Stimmen waren den Hunden nicht bekannt. Dennoch reagierten die gleichen Gehirnregionen auf das spielerische Bellen der Hunde und das Lachen der Menschen, während andere Regionen sich beim Winseln, Jammern und Weinen meldeten. Daraus folgt, dass Hunde empathisch reagieren, und zwar nicht nur bei vertrauten Menschen, sondern auch bei Fremden. Hundehalter haben das oft schon erlebt – wenn jemand traurig ist, schaut der Hund mal nach, was da los ist, stupst vielleicht an, schleckt Tränen ab, tröstet auf seine Art und Weise. Und manchmal rettet er auch ein Leben:

»Als ich den Seppi gestreichelt habe«, erzählte mir Lisa, »spürte ich plötzlich so einen kleinen Knubbel hinter seinem Ohr. Der war ganz komisch, hart und kühl irgendwie. Ich bin dann gleich zur Tierärztin, und es war Hautkrebs, stell dir mal vor, bei einem Hund! Sie hat den Tumor rausgeschnitten, ist alles gut gegangen – und ich habe mir gedacht, dass ich selbst mal zum Screening sollte. Und jetzt halt dich fest: Ich habe ebenfalls hinter dem Ohr, aber mehr am Hals, eine Stelle gehabt. Winzig, aber bösartig. Die Hautärztin hat gemeint, dass es fünf vor zwölf war. Ohne Seppi wäre ich jetzt vielleicht gar nicht mehr da.«

Ähnliche Geschichten habe ich öfter gehört. Und ich habe mich auch schon mal gefragt, ob das gelegentliche Humpeln meines Hundes eine psychosomatische Solidarität ist oder ein Hinweis. Es müssen ja nicht nur Befindlichkeitsstörungen, Schmerzen, Krankheiten sein. Auch das Verhalten eines Hundes kann aufschlussreich sein. Was könnte er uns damit mitteilen wollen? Und egal, ob es Absicht ist oder nicht – darüber nachzudenken führt zu einer Bestandsaufnahme: Wie lebe ich, wie möchte ich leben?

Hunde sind unsere besten Ratgeber. Wenn wir ihnen folgen, laufen wir auf der Fährte zum Glück. Sobald wir aus den Augen verlieren, was uns guttut, erinnern uns unsere lieben Hunde daran – manchmal halten sie dafür sogar ihr eigenes Fell für uns hin! Meiner humpelt. Und das heißt: Mach mal Pause.

Okay, Doc Dog!

Das Glück winkt mir mit
vier Pfoten …
… während ich lerne,
seine Botschaften zu
entschlüsseln.

Achtsam wachsam

Hunde sind Meister im Lesen der Körpersprache. Wie Seismografen reagieren sie auf unseren Muskeltonus und wissen oft besser als wir selbst, was in uns vorgeht – und viel früher. Aber nicht nur, was unsere Laune betrifft. Hunde, die darauf trainiert sind, können verschiedene Erkrankungen über den Atem- oder Uringeruch erschnüffeln und erreichen bei Lungen- und Eierstockkrebs eine fast hundertprozentige Trefferquote. Diese Nasenarbeit bedarf allerdings höchster Konzentration und Achtsamkeit.

Seit einigen Jahren liegt Achtsamkeit auch bei Menschen voll im Trend, nicht zuletzt, weil man damit angeblich abnehmen kann – ein Motiv, das Hunden vollkommen fremd ist. In Achtsamkeitstrainings lernen die Teilnehmer unter anderem ein bewusstes und gesundes Essverhalten. Wenn wir uns darauf konzentrieren, dass und was wir essen, schmecken wir mehr und nehmen

Der Hund kommt beim Essen.

weniger zu uns. Große Firmen spendieren Mitarbeitern Achtsamkeitstrainings – eine kluge Investition, denn ein achtsamer Mitarbeiter zeichnet sich durch Geistesgegenwart aus. Hellwach meistert er die Aufgaben, die jetzt im Moment an ihn gestellt werden. Ohne sich von Gefühlen, Gedanken, Erinnerungen oder Fantasien ablenken zu lassen. Er ist ganz im Hier und Jetzt.

Diesen Idealzustand verkörpern Hunde auch ohne Fortbildungsmaßnahmen. Deshalb können sie auch auf Slow Food verzichten. Hunde praktizieren Schling-Food. *First learn the rules, than break them.* Was in den Ohren des Jazzliebhabers wie großartige Musik klingt, kann von weniger geschulten Hörern durchaus als Lärmbelästigung bezeichnet werden. So ähnlich wie nicht wenige Herrchen und Frauchen die Essmanieren von Hunden als unterirdisch bewerten. Doch damit denken wir vom falschen Ende der Treppe aus. Hunde sind einfach eine Stufe weiter, als wir es wahrnehmen können, beziehungsweise schneller. Sie genießen nicht das Kauen und Schmecken, sondern das Riechen und Schlingen. Mein Hund konzentriert sich mit allen Sinnen auf seinen Napf. Die Welt besteht aus dem Napf, und er verleibt sie sich vollständig ein, ohne Besteck, er haut rein und ist in sechzig Sekunden fertig. Vor der Mahlzeit meditiert er ausgiebig. Der Napf ist nur das Ende einer langen Zeremonie spiritueller Praxis. Der Hund beherrscht verschiedene Meditationstechniken, ob im Sitzen, Liegen, Dösen – er atmet ein, er atmet aus, er ist präsent. Selbstverständlich ist ihm bewusst, dass

»Ich habe große Achtung vor der Menschenkenntnis meines Hundes. Er ist schneller und gründlicher als ich.«
Otto von Bismarck

wir Zweibeiner Unterstützung bei der Stellung des Hundes brauchen. Da wir auch im Verständnis der hundlichen Kommunikation versagen, bleibt nur noch eine Möglichkeit, dem hauptsächlich visuell ausgelegten Menschen einen Wink zu geben, wenngleich er kaum in der Lage ist, über den Napfrand zu blicken.

Unermüdlich, Tag für Tag, erinnert mein Hund mich liebevoll und beharrlich daran, meine Mahlzeiten achtsam zu genießen. Mucksmäuschenstill auf seinem Schaffell meditierend und mit jeder Faser seines Körpers meiner spirituellen Entwicklung dienend, lässt er die Bissen auf meiner Gabel nicht aus den Augen. Er nimmt es mir nicht übel, dass ich seine Fürsorge zuweilen als Aufdringlichkeit fehlinterpretiere. Er kennt mich und meinesgleichen und macht einfach weiter. Auch ohne Augenkontakt beherrscht er die hohe Kunst, unsichtbar und dennoch mit dem ganzen Körper zu starren – er brüllt schweigend. Niemals lässt er nach in seinen Bemühungen, mir ein achtsames Leben schmackhaft zu machen.

Auch meine Siebensachen behält der Hund im Blick und trägt mir klaglos nach, was ich versehentlich weggeworfen habe. Und ganz nebenbei erinnert er mich daran, mich auf meine Ziele zu fokussieren. Lass sie niemals aus den Augen! Sei dir stets bewusst, worauf es ankommt. Konzentration! Diese lebt er mir in der Klinkenmeditation vor. Dreißig Minuten sind ein Klacks für ihn, nachdem der Zen-Meister im Kirchturm siebzehn Uhr geläutet hat. Aufrecht im Gras sitzend, starrt der Hund auf die Haustür. Er bellt nicht, er bleibt gelassen, achtsam, wachsam, bis sich die Tür öffnet und der Napf in den Garten gestellt wird.

Warum starrt er auf die Klinke? Er möchte mich nicht nur an meine Zielfokussierung erinnern, sondern auch an meine Wenigkeit. Ich bin trotz meiner Fähigkeiten als Dosenöffnerin letztlich nur eine Handlangerin. Am Ende geht es um die Pforte. Und die haben Frauchen und Herrchen nur scheinbar im Griff. Wir sind nicht nur Chefs – der Hunde, im Idealfall –, wir haben auch welche und womöglich einen großen, der eines Tages unsere Klinke in seinen Händen hält.

Das Glück winkt mir
mit vier Pfoten …
… wenn ich einen
Blick über meinen
Napfrand wage.

Der Knochenjob

»Ist der abgerichtet für Kaminholz?«, fragt ein Spaziergänger, weil mein Hund einen dicken Holzklotz transportiert. Im Gesicht des älteren Herrn leuchtet die Freude über seinen gelungenen Scherz. Den ich allerdings schon öfter gehört habe. Denn wenn mein Hund liefert, dann muss sich das lohnen. Kleinvieh ist Mist. Er bevorzugt die großen Kaliber. Das steht auch im Kleingedruckten bei den Lieferbedingungen. Unter einem Kilo wird nichts befördert.

Wir wechseln ein paar Sätze, mein Gegenüber lobt den Hund als fleißigen Waldarbeiter und Baumpfleger. Doch tatsächlich ist wohl eher das Gegenteil der Fall. Mein Hund ist ein Schredderer. Ich habe mir schon mal überlegt, ob er das mir zuliebe macht. Ich meine, er könnte ja auch mich schreddern statt Holz. Beziehungsweise wäre es ihm nicht zu verdenken, wenn er gewisse Vorbehalte gegen mich entwickeln würde, denn bei aller Liebe … so ganz artgerecht verläuft unser Zusammenleben nicht. Der Hund muss sich extrem anpassen, auf vieles verzichten, was für ihn zur Lebensqualität gehört. Sein Alltag ist ein Parcours aus Verboten. Fast sitzt er im Knast. Er soll seine Geschäfte ordentlich am Wegrand erledigen, keinesfalls in der Mitte; es ist ihm nicht gestattet, Gegenstände zu markieren. Es ist ihm unmöglich, eigenen Bedürfnissen folgend mal nach draußen zu gehen. Er muss sich dazu erst bei der Aufseherin bemerkbar machen, die die Schlüsselgewalt hat. Draußen gibt es bloß Hofgang in einem begrenzten Rahmen, Ausbrechern wird Freigang nur noch in Fesseln gewährt. Affären sind strikt untersagt. Das Knastessen ist, nun ja, wie es halt ist. In Freiheit würde der Hund eine andere Speisekarte bevorzugen und sich vor allem nicht an feste Zeiten halten. Die Tage sind lang, und wenn man mal was spielen will, ist das nur mit von der Anstaltsleitung zur Verfügung gestellten Materialien gestattet. Vergreift man sich am Mobiliar, hat das unangenehme Folgen. Auch die sozialen Kontakte sind reglementiert: Wer mit wem zusammen Umschluss hat, wird vom Personal bestimmt. Dass unter diesen Bedingungen Aggressionen entstehen können, ist nur menschlich! Und die müssen mal raus. Zum Glück nicht an mir. Denn wer Frauchen beißt, sägt sich den Ast ab, auf dem er sitzt. Also lieber einen fremden Ast schnitzeln. Aggressionen werden im Wald ausgetobt.

Gewissermaßen leistet der Hund eine Sublimierung, was bildungssprachlich etwa der folgenden Bedeutung Nummer eins entspricht: auf eine höhere Ebene erheben, ins Erhabene steigern, verfeinern, veredeln. Bei mir greift Bedeutung Nummer zwei, ebenfalls bildungssprachlich, allerdings mit dem Zusatz Psychologie: (einen Trieb) in künstlerische, kulturelle Leistung umsetzen.

»Je mehr ich von den
Menschen sehe,
umso lieber habe ich
meinen Hund.«
Friedrich der Große

Und genau das würde ich gern tun, aber im Moment stehe ich vor einem Berg Fragen. Seit Tagen will ich meinen neuen Krimi zu schreiben beginnen. Ich habe auch schon literweise Blut und Gehirnflüssigkeit und jede Menge Verdächtige und Motive und Waffen und Vernehmungsprotokolle gesammelt. Sie türmen sich zu einem Riesengebirge, das mir die Luft abdrückt. Deshalb wollte ich gern einen besonders schönen Spaziergang machen. Zu meiner Freude ist das malerisch gelegene Bankerl mit dem Blick in die Alpen frei, und heute sind sie wieder mal zum Greifen nah, die Gipfel schneebedeckt. Blau der Himmel, wattig die wenigen Wolken, der Herbst im Kleid eines weisen Frühlings. Alles leuchtet und duftet. Hin und wieder trudeln bunte Blätter durch die laue Luft. Ich setze mich auf die Bank, schaue in die Berge und denke an mein Buch. Der Hund wuselt um mich herum, gräbt im Laub, dann schleift er sein Projekt heran. Drei Meter wird der Baumstamm wohl lang sein; wenn ich das in Seiten umrechne, sind das mindestens dreihundert.

Und es ist noch nicht mal ein Satz in Sicht wie bei meinem ersten Hundekrimi: Wer einen Hund hält, muss mit einer Leiche rechnen. Dieser Fährte brauchte ich nur zu folgen. Vielleicht folgte ihr aber auch der Hund und ich folgte ihm. Hauptsache, wir haben den Mörder verhaftet. *Fass!*

Ich hatte mir beim Spazierengehen damals oft ausgemalt, wie das wäre, wenn ich tatsächlich eine Leiche finden würde. Also der Hund. Natürlich würde er wie Lassie, hab sie selig, zu mir laufen und mir winselnd bedeuten, ich müsse ihm folgen. Aber ob ich durch meine theoretische Abhandlung in Gestalt eines Krimis wirklich vorbereitet gewesen wäre? Das möchte ich eher bezweifeln. Hoffentlich finden wir nie, nie, niemals eine Leiche, außer in meinem Kopf, dem Keller der Schriftstellerin.

Mein Hund zeigt mir unmissverständlich, dass er den Baumstamm geworfen haben will.

»Nein!«, lehne ich ab. »Wenn ich den hochhebe, kriege ich einen Bandscheibenvorfall.«

Er wartet. Er ist ein bayerischer Hund und tickt deshalb folgendermaßen: Wenn jemand *naa*, also nein, sagt, oder *homma ned*, haben wir nicht, nimmt man das keinesfalls für bare Münze, sondern bleibt freundlich abwartend, aber ohne Druck aufzubauen und ungeduldig zu wirken. Weil: A bisserl was geht oiwei. Also immer.

Dieses Bisserl ist verdammt schwer. Ich wuchte es hoch und schleudere es mit aller Kraft gerade mal drei Meter weit. Aber das genügt. Mit dieser Aktion habe ich es über den Scanner gezogen und in die Lieferkette eingepflegt. Mein vierbeiniger Mitarbeiter wird sich nun darum kümmern. Ich kann entspannt und gelassen in die Alpen schauen. Das *entspannt* streiche ich mal. Das Buch sitzt mir im Nacken, was heißt hier Buch, es ist ein Riesengebirge geworden. Hinter mir schabt und knackt es, fleißig wird geschreddert. Ich strecke mein Gesicht zur Sonne und überlege, ob meine Leiche gleich auf der ersten Seite ausbluten soll. Was mir persönlich gar nicht so gut gefällt, aber es ist heute einfach Standard. Sehr gern wird sie von einem Psychopathen massakriert, der über viele Seiten keinen Namen hat, sondern als kursives *Er* bezeichnet wird – sonst wäre die Spannung ja flöten. Wehmütig erinnere ich mich an die Zeiten, in denen passionierte Leser Bücher verschwörerisch flüsternd weitergaben: »Bis Seite hundert zieht es sich, da musst du dich durchbeißen. Aber dann kannst du es nicht mehr aus der Hand legen.« Heute sollte bis spätestens Seite fünfundzwanzig eine zweite Leiche auftauchen. Das ist nur Folge-richtig. Wir haben Zweitfernse-

Jedes Gassi beginnt mit dem ersten Schritt.

her, Zweitwagen, Zweithandys. Und sind so abgebrüht, dass eine Leiche nicht reicht für einen Krimi. Idealerweise plane ich eine dritte Leiche, dann kann ich mich tatsächlich entspannt zurücklehnen im Sektor Serienmord. Der findet sehr gern in Skandinavien statt. Ich habe mich schon mal gewundert, dass es da oben überhaupt noch Einwohner gibt. Schweden zum Beispiel müsste bald leer sein, so viele Morde, wie die verzeichnen. Muss ich da wirklich mitmachen? Es ist doch alles schon gesagt, alles schon gemeuchelt. Ja, der Berg vor mir ist wirklich verdammt hoch. Wie soll ich jemals einen ersten Satz finden, geschweige denn die folgenden! Mit jedem Tag, an dem ich nicht beginne, wird der Berg höher und meine Laune schlechter, leuchtendes Herbstlaub hin oder her, letztlich sind das auch bloß Gefallene, die mich an das erinnern, was ich jetzt eigentlich tun sollte.

Mein Hund ist alles andere als solidarisch, nämlich gut drauf. Sein Verdächtiger ist wider Erwarten ziemlich schnell weich geworden und mittlerweile vollständig eingebrochen. Ein Drittel hat er schon gestanden, auch das Alibi liegt zerfetzt im Gras. Mein Hund läuft zur Hochform auf, er nimmt den Prügelknaben richtig ran. Was ist bloß so toll daran, auf Holz zu beißen? Sind es Instinkte? Es funktioniert auch, wenn ich einen Stock ins Spiel bringe. Ich werfe den Stock, der Hund bringt ihn, ich werfe, er bringt ihn, und wenn ich aufhöre, macht er Kleinholz draus. Vielleicht akzeptiert er deshalb keine »chens«. Falsche Kreditkarte. Es darf kein Stöck»chen« sein, es muss ein Stock sein. Das Spreißeln scheint mächtig Spaß zu machen, die starken weißen Zähne in das Holz zu schlagen. Da weiß man schon, was man getan hat, abends im Hundekorb.

Irgendwann probiere ich das auch mal. Nach dem Zahnarzt. Es könnte ja sein, dass es die Gesundheit des Gebisses fördert. Aber wie ich den Krimi schreiben soll, bleibt mir nach wie vor schleierhaft, und während meiner Rumhockerei auf der Bank ist der Berg sicher wieder um einen Meter gewachsen. Das ist wie mit Schulden: Du tust nichts und sie vermehren sich. Mit der Schuhspitze schiebe ich das Laub vor der Bank hin und her. Wie in einer Übersprunghandlung bücke ich mich nach einem Zweiglein und breche es gedankenverloren mehrmals durch. Die Kleinteile in der Hand, überlege ich, ob ich mal reinbeißen soll. Beschließe dann, mir für eine Kostprobe lieber einen frischen Zweig zu pflücken. Ich lasse die morschen Teile fallen, sie rieseln ins Laub.

Mein Hund donnert mir seinen Stamm an den Knöchel. Gerade will ich mich beschweren, da erkenne ich den Pfotenhinweis! Und alle Puzzleteile beziehungsweise Ästchen fallen an die richtige Stelle.

Grinsend klaube ich die Kleinteile aus dem Laub, halte sie in der Handfläche. Eben noch waren sie an einem Stück. Jetzt kann ich sie anordnen, wie ich will. Ich werfe sie in die Luft und hole mir einen größeren Zweig.

Breche ihn wiederum entzwei und noch mal und noch mal und noch mal.

»Ich mach es wie du!«, rufe ich dem Hund zu. »So ein Berg ist auch nur ein Baumstamm. Und der besteht aus Ästen und Zweigen. Ich brauche mundgerechte Kapitel. Im Berg finde ich den Mörder nicht, verstehst du?«

Der Hund hebt sein Beispiel an und lässt es mir vor die Füße fallen.

»Genau!«, rufe ich. »Genau so mache ich das jetzt. Je länger man wartet, desto mehr türmt sich auf. Man muss anfangen, aber klein!« Ich halte mir ein Zweiglein vor die Augen. »Klein!«, beschwöre ich mich selbst.

Vielleicht fange ich mit einem Kleinkriminellen an? Einem kleinen Banküberfall? Ich kichere in mich hinein. Wie leicht auf einmal alles ist! Am liebsten würde ich sofort nach Hause fahren und mit dem Schreddern meiner großen Aufgabe beginnen. Doch Miss Lomax ist noch nicht fertig. So bleibe ich noch fünfzehn Minuten, genieße die Sonne im Gesicht, und als mein Hund seine Arbeit beendet hat, machen wir uns auf den Weg, damit ich meine tun kann. In kleinen Schritten.

Das Glück winkt mir
mit vier Pfoten …
… wenn ich aus
meinem Stress
Kleinholz mache.

Täuschungsmanöver

Wir laufen an der Seepromenade entlang. Während sich hier im Sommer Ausflügler drängen wie samstags in der Münchner Fußgängerzone, begegnet mir an diesem Vormittag im November niemand. Es ist grässlich grau, doch ich laufe gern am Wasser entlang. Am Ende der Promenade beginnt mein Lieblingsweg, ein geschlängelter Trampelpfad, oft matschig, dafür nah am Wasser.

Jugendstilvillen säumen das Ufer. Wer hier wohnt, kann nach ein paar Schritten baden gehen. Traumhaft, habe ich früher gedacht, bis mir einmal eine Anwohnerin erzählte, wie es wirklich sei. Schön sei es nämlich nur, wenn es scheußlich sei. Also das Wetter. Wenn keine Ausflügler unterwegs seien. Ansonsten habe man ständig fremde Leute vor den Fenstern, Lärm und Dreck. Und am schlimmsten seien die rücksichtslosen Hundebesitzer. Im Grunde genommen wohne man mitten in einem Hundeklo. Die Gemeinde hat reagiert, im Sommer patrouillieren Kotsheriffs. Es heißt, dass die einheimischen Hundebesitzer die Beutelstationen gut annehmen, während Touristen sie ignorieren. Das altbekannte Lied: Die eigene Heimat wird sauber gehalten, die fremde ist egal. Für Hunde gilt das auch. Sie vermeiden es, in ihren Garten zu kacken, kneifen zusammen bis zum Park.

Ein Hund an der Leine kann kaum unbemerkt etwas hinterlassen – also wurde an der Promenade Leinenpflicht eingeführt. Zuwiderhandlungen, so verkünden es Schilder, werden mit fünfhundert Euro Bußgeld geahndet. Ich habe die Leine im Auto vergessen und brauche sie auch nicht, weil mein Hund an der unsichtbaren läuft, im Fuß.

Ein sehr dickes Auto, vorne drauf eine Kühlerfigur, parkt im absoluten Halteverbot am Dampfersteg. Der Fahrer in Joggingkleidung ist mir schon unsympathisch, bevor ich ihn richtig sehe. Er ist um die sechzig, schlank und sieht in der Ferne aus, als würde er in der Nähe penetrant nach Rasierwasser riechen. Er setzt eine karierte Schiebermütze auf und wirft mir einen missgelaunten Blick zu. Ich rechne damit, dass er, der falsch parkt, mich darauf hinweisen möchte, ich solle meinen Hund anleinen. Vorsorglich überlege ich mir eine Antwort. Meistens bin ich freundlich, denn mein Auftreten trägt zum Bild des Hundebesitzers im Allgemeinen in der Öffentlichkeit bei. Wenn ich Hinterlassenschaften eintüte, mache ich das vor Zeugen gern so raumgreifend auffällig, dass jeder es mitkriegt und vielleicht ein bisschen netter über uns denkt. Es sind ja wie immer nur einige schwarze Schafe, aber ihretwegen müssen alle Sanktionen hinnehmen. Keine Hunde am Badestrand, Leinenpflicht, Schwimmverbot und so weiter. Schwimmverbot ist für einen Labrador eine schlimme Strafe. Und für den Labrador auf zwei Beinen auch. Als solcher zeige ich ras-

»Wir können das Herz eines Menschen danach beurteilen, wie er Tiere behandelt.«
Immanuel Kant

setypischen ***will to please***, ich gefalle gern und sammle seit einiger Zeit nicht nur die Hinterlassenschaften meines eigenen Hundes ein, sondern auch fremde Haufen. Und was ich sonst noch so im Wald finde. Vielleicht verbessert das langfristig unser Image: Gassis for Future!

Der Mann öffnet die Heckklappe. Ein riesiger Kopf erscheint. Au weia! Die Dogge trägt ein Prunkhalsband. Typisch, denke ich, wahrscheinlich echte Brillis. Die Dogge entdeckt Miss Lomax, stürmt auf sie zu. Bei ihr fehlt nicht nur die sichtbare, sondern auch die unsichtbare Leine.

»King!«, ruft der Mann. »King, hier!«

Na, was sonst. Aber King macht den Kong, er stellt die Ohren auf Durchzug und nähert sich, nun allerdings langsamer. Mit jedem Schritt wird er größer. Vielleicht ist das gar keine Dogge, vielleicht ist das ein Dino. Während es mir ein klein wenig mulmig wird, lässt sich mein Hund von den Ausmaßen nicht beeindrucken. Das ist mir schon oft aufgefallen, dass es in diesem Fall auf die Größe nicht ankommt. Miss Lomax kann einem deutlich kleineren Hund Ehrerbietung erweisen, während sie Wolfshunde wie Schoßhunde behandelt. Wobei ja oft die kleinen Schoßhunde am aggressivsten sind. Je kleiner, desto wadelbeißer. Der hier würde sich wohl kaum mit der Wade zufriedengeben, der würde mindestens den Oberschenkel zerfleischen.

Die Dogge bleibt zwei Meter vor meinem Hund stehen und macht dann einen Bückling. Langsam stolziert Miss Lomax zu dem Monster und absolviert eine olfaktorische Leibesvisitation. Das Prunkhalsband, das im nun durchbrechenden Sonnenlicht funkelt, ist ihr schnurz.

»King!«, ruft Herrchen abermals.

Doch King kann sich jetzt nicht bewegen. King ist im Bann. Würde er ihn brechen, hätte er mit Sanktionen zu rechnen. Oder würde sein Herrchen in vergleichbarer Situation bei einer polizeilichen Personenkontrolle äußern: »Ich muss weiter. Mein Chef ruft«?

Dieser Mann hat offenbar wenig Ahnung von hundlichem Verhalten. Es bringt überhaupt nichts, zu rufen, wenn der Vierbeiner abgelenkt ist. Man muss den richtigen Moment erwischen, sobald der Hund aufmerksam ist. Aber einen solchen gibt es bei einer Leibesvisitation nicht. Man bringt den Hund höchstens in noch größere Schwierigkeiten, weil er den Ruf hört, aber eben nicht folgen kann.

Miss Lomax gibt die Dogge frei. King rennt Richtung Bootshaus, weg von seinem Herrchen.

»King!«, ruft Herrchen, während er sich mir im Eilschritt nähert. »Guten Tag«, sagte er und spricht sofort weiter. »Kennen Sie sich mit Hunden aus?«

»Ein bisschen«, sage ich.
»Was mache ich, dass er zu mir kommt?«
»Weglaufen«, sage ich.
»Wie, weglaufen?«
»Sie drehen sich um und laufen ganz schnell weg. Wenn er das merkt, folgt er Ihnen sofort.«
»Und wenn nicht?«
»Das habe ich noch nie erlebt«, behaupte ich.
»Aber wenn doch, dann passen Sie auf?«, bittet er mich.
»Ja, ich passe auf, aber Sie müssen schon dran glauben«, verlange ich. »Sonst klappt es nicht.«
»Sag ich doch«, murmelt er, ruft noch mal. »Ling!«
»Ich dachte King?«, frage ich.
»King?«, wiederholte er.
»Nicht King?«, frage ich.
»Nein, er heißt Ling.«
Und da soll noch einer behaupten, Miss Lomax wäre ein schwieriger Name, schießt es mir durch den Kopf.
»Der Name stammt aus einem Buch. Aber ich hab es nicht gelesen«, sagt er.
Wahrscheinlich seine Frau, denke ich. Meistens sind es sowieso die Frauen, die lesen. Vermutlich ein historischer Roman aus China, irgendwas mit eingebundenen Füßen. China ist in.
»Ling ist die Abkürzung von Lieberling«, sagt der Mann.
»Sie meinen den Lieberling aus dem Buch von Joachim Meyerhoff? Der auch Schauspieler ist? Wie heißt es

gleich noch mal … irgendwas mit Lücke? Ein großartiges Buch!« Ich bin völlig aus dem Häuschen. An einem grauen Novembervormittag treffe ich einen Menschen, der ein Buch im weitesten Sinne kennt. Sofort verzeihe ich ihm das Auto, den Jogginganzug, das Falschparken, die Mütze und das Prunkhalsband. Und was das Rasierwasser betrifft, kneife ich mal ein Nasenloch zu.

»Also, ich laufe los, und der Ling folgt mir?«, vergewissert er sich.

»Herrschaftszeiten, ja«, entfährt mir ein Schlüsselbegriff aus dem Buch in der Tonlage des Autors. Beim Hörbuch bin ich einige Male nur knapp dem Tod infolge von akuten Lachkrämpfen entronnen.

Herrchen läuft los und dreht sich nach wenigen Metern um.

»Nicht umdrehen!«, rufe ich.

Er läuft weiter.

Es dauert eine Weile, bis Lieberling es merkt, aber dann rast er ihm, meine Güte sind das Beine, in großen

Hund schützt vor
Torheit nicht.

Sprüngen hinterher. Der Mann packt die Dogge am Halsband und leint sie an.

»Loben!«, rufe ich.

Er tätschelt Lieberling.

»Das ist nämlich nicht mein Hund«, erklärt er beim Zurückkommen und erörtert, als er vor mir steht: »Der gehört meinem Chef. Ich bin der Chauffeur. Normalerweise geht die Haushälterin morgens mit ihm raus. Aber die hat die Grippe. Sie ist nicht mal aus dem Bett gekommen. Der Arzt vom Chef schaut später nach ihr. Deswegen hat der Chef mir den Ling aufs Auge gedrückt. Die Chefin ist nämlich verreist.«

»Ach so«, sage ich.

»Ich wusste ja nicht, wie dringend es ist. Deshalb habe ich sogar im Parkverbot angehalten, als er Geräusche gemacht hat. Aber jetzt hat er das Beinchen noch kein einziges Mal gehoben.«

»Bein*chen*?«, wiederhole ich grinsend.

»Glauben Sie, ich kann den Ling noch mal freilassen?«, fragt er mich, als wir die Leinenpflichtzone hinter uns gelassen haben.

Ich überlege kurz. »Ja. Er wird bei meinem Hund bleiben.«

»Sind Sie sicher?«

»Ja«, lüge ich.

Zum Glück geht es gut. Die beiden tollen mit höchstem Vergnügen durch das raschelnde Laub und bleiben in unserer Nähe.

Ich erfahre, dass der Butler Angst vor Lieberling hat, und noch ein paar andere Geschichten, die ich mir nicht hätte ausdenken können. Georg, der Chauffeur, kümmert sich auch um den Garten, obwohl er das nicht gelernt hat. Aber es ist ja so schwer, einen Gärtner zu finden. Früher hat er das gern gemacht. Doch seit Lieberling im Haus ist, gibt es ständig Probleme, weil der Hund so gern buddelt. Georg darf ihn aber nicht schimpfen, sonst schimpft die Chefin.

»Die ihm das Halsband gekauft hat«, glaube ich zu wissen.

»Nein, das hat ihm die Haushälterin zum Geburtstag geschenkt.«

Beim Abschied sehe ich, dass der Wagen gar keine Sitzbank hat, sondern eher ein Wohnzimmer. Er heißt so ähnlich wie der Autor von »Ach, diese Lücke …«. Auf dem Weg zu meinem Auto bedanke ich mich bei Miss Lomax und ihren Artgenossen dafür, dass sie mich an die Lücken selektiver Wahrnehmung erinnern, die ich mit Vorurteilen ausgestopft habe.

Meinem Hund ist es egal, in welchem Gefährt die Dogge chauffiert wird und wie teuer ihr Halsband gewesen sein mag. *Das Wesentliche ist für die Augen unsichtbar*, sagt der kleine Prinz. Ich aber bleibe an der Oberfläche hängen, aus der ich peinlich eindimensionale Zusammenhänge spinne. Ein Hund lässt sich nicht blenden von Äußerlichkeiten. Ihm ist es egal, ob wir groß oder klein, dick oder dünn, reich oder arm, blond oder brünett sind. Für den Hund zählt, dass wir da sind. Er kommuniziert mit unserem Innersten. Dort, wo wir ganz wir selbst sind, auch wenn wir nicht so genau wissen, wer oder was das ist. Alles, was in unserer Leistungsgesellschaft zählt, spielt für einen Hund keine Rolle. Er mag uns, vielleicht liebt er uns sogar, so wie wir sind. Wir müssen unseren Schein nicht aufpolieren. Der Hund reagiert auf unser Sein und auf das seiner Artgenossen. Deshalb ist es ihm wurscht, welcher Rasse sie angehören. Hund ist Hund und Punkt. Ich habe den begründeten Verdacht, dass das bei uns Menschen anders ist.

Wäre ich dazu imstande, alle Äußerlichkeiten zu ignorieren?, frage ich mich. Aber so läuft das Spiel nun mal. Man begegnet sich, man taxiert sich und seine Habseligkeiten oder Besitztümer oder Statussymbole und zieht Rückschlüsse, die auf Vorurteilen basieren. Was der Hund wohl weiß. Ich hingegen falle immer wieder auf Äußerlichkeiten rein.

Und wofür stehe ich selbst? Ich halte mir einen Spiegel vor und muss herzhaft lachen. Denn die Eigenschaften, die ich aufgrund meiner Kleidung klischeehaft an mir festtackere, haben nichts mit mir zu tun. Ich bin keine vereinsamte alleinstehende Frau, deren ganzes Trachten um ihren Hund kreist, sonst wäre sie nicht so nachlässig gekleidet, während das Fell des Hundes glänzt. Bestimmt spart sie sich jeden Bissen vom Munde ab, und ganz sicher kann sie nicht lesen, sonst hätte sie ihren Hund angeleint. Ja, ja, es gibt wirklich unglaublich viele Analphabeten, aber an solchen Kleinigkeiten verraten sie sich eben. Man muss nur ein bisschen achtsam durch die Gegend laufen, dann erkennt man die Wahrheit hinter den Kulissen.

Das Glück winkt mir
mit vier Pfoten …
… wenn ich die
inneren Werte
meiner Mitmenschen
erkenne.

Andoggen

Es ist Winter und grau, und auch wenn ich mir Jahr für Jahr vornehme, dass mir das egal ist, weil es draußen immer schön sein soll und es lediglich auf die richtigen Klamotten ankomme und so weiter und so weiter, gibt es doch Tage, da drückt ein Hauch von Grau auf mein Gemüt.

Wenn ich abends manchmal durch ein städtisches Wohnviertel laufe, schaue ich gern in die erleuchteten Fenster, die mir zuweilen wie Werbefernsehen erscheinen. Für gemütliche Sofas, für Teekannen, für Teppiche. Da sitzen Leute ganz leise und brüllen doch nach draußen: Seht mal, wie gemütlich wir es haben!

Ich möchte dann am liebsten gleich einziehen. Wenn sie sich so ins Zeug legen und so lieb locken. Und natürlich bastle ich sofort an Vorsätzen.

»Wir machen es uns auch total gemütlich«, drohe ich dem Hund.

Verständnislos, würde ich meinen, schaut er mich an. Er muss es sich nicht gemütlich machen.

Am nächsten Nachmittag bereite ich alles vor. Tee, Decke, Duftkerze, Beleuchtung, Buch. »Hopp«, sage ich, und der Hund, leicht irritiert, denn es ist doch noch nicht Abend, noch keine Couchzeit, springt aufs Sofa.

Ich gieße Tee ein, ich greife zum Buch, der Hund beobachtet mich skeptisch. Was passiert jetzt?, scheint er zu fragen. Diese nachmittägliche Pseudogemütlichkeit

Ein Frolic, ein Fro-ho-lic der Gemüt-lich-keit!

passt nicht in unseren Ablauf, und was Änderungen des Protokolls betrifft, reagieren Hunde empfindlich.

Das Telefon klingelt. Ich springe auf, verheddere mich in der Decke – warum hab ich es nicht mitgenommen oder abgestellt? –, laufe in den Flur, der Hund hinterher.

»Arbeitest du?«, werde ich gefragt.

»Ja«, sage ich, ohne zu lügen. Diese Sofaliegerei ist Schwerstarbeit. Aber ich hab es mir vorgenommen, ich ziehe das jetzt durch. Also wieder zurück. Der Hund verweigert. Er will nicht aufs Sofa. »Hopp!«, rufe ich. Gequält schaut er mich an.

»Dann eben nicht«, sage ich leicht eingeschnappt.

Sofort trollt er sich in die Küche und lässt sich mit einem Grunzen auf sein Schaffell unter dem Tisch fallen. Der Herbst ist die Jahreszeit der Dichter und Denker. Ich grüble. Stehe an der Tür und betrachte den Hund, dessen Entspanntheit an Unverschämtheit grenzt. Schon beginnt er zu träumen, die Pfoten zucken. Wie geht das, so schnell so entspannt? Vermutlich muss man dazu am richtigen Ort sein. Aber mein Sofa ist wirklich sehr schön! Ich habe lange danach gesucht; es war Liege auf den ersten Blick.

So leicht gebe ich nicht auf. Ich nehme abermals Platz, wickle mich in die Decke, nehme das Buch in die Hand, lese aber nicht, verharre nur, und auf einmal entweicht mir ein Grunzen, das mich tieftief in das Sofa sinken lässt. Ich bin doch auch nur ein Energieteilchen, das auf seiner Ladestation aufgetankt gehört, und wenn es »angedoggt« ist, piepst es oder grunzt oder seufzt oder atmet einmal tief aus, je nach Modell. Und dann startet der Ladevorgang.

Ich gähne. Der Hund gähnt. Was für eine spannende Unterhaltung! Außerdem ein hieb- und stichfester Beweis für die ermittelnde Kommissarin, dass dieser Hund und diese Frau zusammengehören. Forscher haben herausgefunden, dass Hunde auf das Gähnen ihrer Menschen reagieren. Aber nur auf das ihrer Menschen – dazu hat man ihnen das Gähnen vom Tonband vorgespielt. Fremdes Gähnen ließ die Hunde kalt. Gäh

»Ich fand heraus, dass einem in tiefem Kummer von der stillen, hingebungsvollen Kameradschaft eines Hundes Kräfte zufließen, die einem keine andere Quelle spendet.«
Doris Day

nenden Frauchen oder Herrchen antworten sie mit Gegengähnen – ein Signal, dass man sich wohl und sicher miteinander fühlt.

Oder das Gegenteil, auch das kommt vor: Als ich noch sehr wenige Vokabeln und Gesten der Hundesprache kannte, glaubte ich, das Gähnen des Hundes sei eine Provokation. Vor seinem Korb stehend, erklärte ich ihm viel zu ausführlich zum wiederholten Male die Hausordnung. Er gähnte. Genauso gut hätte er mir eine Stinkekralle zeigen können, dachte ich. Als ich dann in einem Hunderatgeber las, dass Gähnen dem Stressabbau dient, war ich erleichtert und beschämt zugleich.

Und wie so oft ist die Geste eins zu eins auf den Menschen zu übertragen. Gähnen hat seither einen ganz anderen Stellenwert in meinem Leben. Ich gähne gern, lang und laut, nicht nur aus Müdigkeit, sondern um mich zu entspannen. Und wenn manchmal in den Nachrichten Bilder von Politikerrunden gezeigt werden, würde ich ihnen gern vorschlagen: Gähnt doch mal zusammen. Es könnte sein, dass ihr euch dann besser versteht und zu klügeren Ergebnissen kommt. Denn Gähnen ist nicht nur ein Zeichen für Müdigkeit, es kühlt auch das Gehirn, und das arbeitet im Anschluss besser … was ja bei internationalen Zusammenkünften nicht schaden kann oder wenn der Hund die Hausordnung noch mal rekapituliert.

Das Glück winkt mir
mit vier Pfoten …
… wenn ich mein
Gemüt pflege.

Hier wache ich!

Immer kommt Sandra zu spät, immer. Im Sommer macht mir das nichts aus, ich genieße die Wartezeit am Waldrand, fülle meine Lungen mit würziger Morgenluft und lausche dem Gezwitscher. Im Winter jedoch oder bei Wind fällt es mir schwerer, Verständnis aufzubringen. Sandra könnte beispielsweise prinzipiell 8.45 Uhr anstatt 8.30 Uhr vorschlagen. Einmal hat sie es versucht. Um acht bekam ich dann eine SMS mit ihrer neuen voraussichtlichen Ankunftszeit: zwischen 8. 34 Uhr und 8.41 Uhr. Ich wartete trotzdem. Irgendwie kennt man das ja. Morgens rasen die Minuten – als müssten sie die Schludrigkeiten der Nacht wiedergutmachen, in der alles liegen geblieben ist.

Es ist 8.40 Uhr, und ich stehe am Waldrand. Von Sandras SUV keine Spur. Auch keine SMS. Eisig pfeift der Ostwind. Ich könnte allein loslaufen, aber dann weiß sie nicht, ob ich die Runde links- oder rechtsherum beginne. Ich könnte nächste Woche, denke ich wie jeden Montag, mal deutlich zu spät kommen. Doch meine innere Uhr ist durch und durch deutsch. Ich müsste schon einen falschen Termin in den Kalender eintragen, und wäre das nicht Betrug an mir selbst? Mit jeder Sekunde, die ich warte, sinkt meine Laune. Und als mir bewusst wird, dass ich sozusagen an Sandras Leine hänge, plumpst sie in den Keller. Auch mein Hund hängt an

Sandras Leine. Doch es scheint ihm nichts auszumachen. Vielleicht gehört das Warten zur Vorfreude?

»Also, das finde ich übertrieben«, teile ich ihm mit. »Je länger man wartet, desto mehr Freude entwickelt sich?«

Aufrecht sitzend, die Ohren gespitzt, lässt der Hund den Waldweg nicht aus den Augen. Er weiß, zuerst kommt die Hundehütte auf Rädern, dann – simsalabim – springt Lizzie heraus. Um 8.43 Uhr ist es so weit. Wie immer sitzt Sandra mit schuldbewusstem Gesicht hinter der Scheibe, was nicht nur an der Uhrzeit liegt. Sie hätte ein Elektroauto bevorzugt. Aber ihr Mann hat ihr den SUV zum Geburtstag geschenkt. Nun, andere bekommen Seife, das ist zwar auf den ersten Blick wenig, auf den zweiten fühlt man sich dabei aber vielleicht sauberer. Sandra sagt, dass ihr Mann ihr das Auto als Alibi geschenkt habe, eigentlich wollte er es, aber er hat bereits zwei, und die Garage ist viel zu klein. Doch so ein SUV sei robust, der könne ganz bequem draußen übernachten, er sei quasi ein Huskie, dem mache Kälte nichts aus.

Das finden auch die Zwillinge. Sie sind vierzehn und maßgeblich an Sandras Verspätung beteiligt. Weil sie ihre Hausaufgaben noch schnell machen müssen, ihre Lieblingsjeans nicht finden, zum Frühstück Rühreier bestellen oder nicht auf ihren eigenen Füßen zur Bushaltestelle gehen können. Wie gut, sagt Sandras Mann, dass wir den SUV haben, da nimmst du sie auf dem Weg zum Gassi schnell mit.

Kein Problem, sagt Sandra und hat recht, denn das Problem habe ich.

»Ein Hund spiegelt die Familie: Wer sah jemals einen munteren Hund in einer verdrießlichen Familie oder einen traurigen in einer glücklichen? Mürrische Leute haben mürrische Hunde, gefährliche Leute gefährliche.«
Sir Arthur Conan Doyle

Nächste Woche komme ich erst um drei viertel neun, nehme ich mir wie jede Woche vor. Immerhin, mein Gewissen ist rein wie mit Kernseife gewaschen.

»Entschuldige!«, ruft Sandra noch vom Fahrersitz aus, wiederholt es viermal, bis sie bei mir ist, und umarmt mich dann. Mein Hund wird nun doch ungeduldig. Er würde es begrüßen, sie öffnete die Heckklappe. Lizzie springt heraus, die beiden benehmen sich, als hätten sie sich wochenlang nicht gesehen.

Ich sage zu Sandra: »Macht nichts.«

Denn jetzt ist sie ja da. Und außerdem erkläre ich geschätzt alle acht Wochen in einem Grundsatzgespräch, dass es nicht schön für mich ist, auf sie zu warten. Das letzte fand erst vor zwei Wochen statt.

»Es zwingt dich doch niemand, sie zu treffen«, sagt mein Mann regelmäßig nach den Grundsatzgesprächen.

Doch, denke ich und sage, dass die Hunde so einen Spaß miteinander haben.

»Also opferst du dich doch«, meinte er neulich trocken.

»Alle hängen an Sandras Leine«, sagte ich.

»Sandra selbst auch«, stellte mein kluger Mann fest.

»Heute habe ich leider nur dreißig Minuten Zeit«, bedauert Sandra. »Meine Kollegin hat mich gerade angerufen. Sie muss noch schnell etwas erledigen und kommt deshalb später ins Büro.«

Ich nicke, während ich mir überlege, ob sich dreißig Minuten überhaupt lohnen. Und dass wir in einer Viertelstunde nie zu der Lichtung mit dem Bach gelangen, wo es am schönsten ist. Außer, ich gehe allein weiter. Aber das wäre erstens unhöflich, und zweitens hätte mein Hund dann weniger Spielzeit. Die Hunde haben einen Stock gefunden, an den sie sich gemeinsam anjochen und wie Pferde vor einer Kutsche galoppieren. Miss Lomax gelingt es, Lizzie den Stock zu entwenden. Als Lizzie versucht, ihn zu klauen, knurrt sie kurz.

Plötzlich starren die Hunde wie abgesprochen, wahrscheinlich ist es eher abgerochen, hinter uns. Sandra und ich drehen uns folgsam um. Ein Schäferhund, er schleift einen Mann hinter sich her, ist schon recht nah.

»Kann ich ihn losmachen?«, hechelt der Mann atemlos. »Das sind keine Rüden, oder?«

Das sind zwei verschiedene Sachverhalte, denke ich, die durch Vorurteile verbunden sind. Wenn Rüde, dann aggressiv, dann lieber an der Leine bleiben.

»Ja«, ruft Sandra, während ich verneine.

Sie meint, dass der Mann den Schäferhund frei laufen lassen kann, weil Lizzie eine Hündin ist. Ich antworte Nein, keine Rüden. Für die Leinenfrage bräuchte ich weitere Auskünfte. Zum Beispiel möchte ich nicht angesprungen werden, denn um zehn habe ich einen Termin und bin bereits dafür gekleidet. Der Schäferhund, ein Jüngling, schießt an uns vorbei auf die beiden Damen zu. Noch im Anflug bremst Miss Lomax ihn mit einem Knurren. Im vollen Lauf versucht er einen Haken zu schlagen, rutscht mit der Hinterhand aus, kratzt gerade noch die Kurve, schnappt sich zur Vergeltung den abgelegten Stock der beiden und rast zu seinem Herrchen zurück, der, Panik in der Stimme, nach ihm ruft: »Basti! Basti!«

Und mich dann anbellt: »Von wegen ganz lieb! So einen aggressiven Hund müssen Sie an die Leine nehmen! Der hätte meinen Basti fast gebissen.«

»Sie«, sage ich, einigermaßen erstaunt über die Interpretation von vier Buchstaben. Ich hatte lediglich *Nein* gesagt.

»Ich hab Sie doch gesiezt!«, ruft der Mann.

»Der Hund ist eine Sie«, bleibe ich sachlich. »Deshalb haben Sie Ihren von der Leine gelassen.«

»Aber da gehe ich doch nicht davon aus, dass ein Weiberl aggressiv ist.«

»Es ist auch nicht aggressiv.«

»Wieso es?«

»Weil es kein Er ist. *Das* Weiberl.«

Sandra putzt sich ausgiebig die Nase, um ihr Lachen zu tarnen.

Ich bleibe ernst. Schließlich ist das eine wichtige Frage. Sind ausschließlich Ers aggressiv? Und wäre die Aggression einer Sie schlimmer? Ja, handelt es sich bei Knurren überhaupt um eine Aggression? Für das Herrchen sehr wohl, es hat hörbar mit Bellen darauf reagiert. Sandra hingegen mit Lachen. Ich hänge noch immer in der Textanalyse.

Basti möchte gern, dass man ihm den Stock wegnimmt, und rennt im Kreis um die Damen, die ihn nicht beachten.

Ich überlege kurz, ob ich seinem Herrchen erklären soll, dass hundliches Knurren eine normale Kommunikation ist. Knurren ist überhaupt nichts Schlimmes. Knurren in alltäglichen Situationen bedeutet so viel wie der warnende Blick, den ich im Supermarkt jemandem zuwerfe, wenn er sich vordrängeln möchte. Knurren heißt einfach nur: Du bist in meine Zone eingedrungen, du bist mir zu nah, das ist mein Stock, das ist mein Liegestuhl, das ist mein Platz in der Schlange, ich war vor dir da, ich bin zuerst dran. Einfach nur eine Geste, die zur Distanz auffordert, vielleicht bittet. Sie kann bei Hunden verschärft werden durch Zähneblecken. Wie bei uns, wobei wir die Spitze des Pfeils häufig in Honig

Reden ist Silber,
Knurren ist
Gold.

tauchen und das Nein versüßen mit einem Vielleicht oder Eigentlich oder Später oder Wenn es dir nichts ausmacht. Oder wir tun so, als hätten wir keine Meinung – keine Ahnung, ich weiß nicht. Oder wir tarnen unsere Absicht durch Lügen: Ich würde ja gern, aber leider …

Warum ist das so?

Wenn ich weiß, dass ich etwas nicht will, oder wenn ich weiß, was ich will, warum kann ich das dann nicht äußern? So ein Nein ist schließlich kein Angriff. Im Gegenteil, der Hund knurrt zur Deeskalation; sein Knurren ist wie ein Gartenzaun, eine Haustür. Und so wie wir uns erlauben, andere draußen zu lassen, ist es für Hunde kein Affront, wenn ein anderer ihnen signalisiert: Keinen Schritt weiter.

Meistens versichern sie: Okay, Kumpel, dein Bereich. Hin und wieder fragt einer nach: Meinst du wirklich, dass …

Das Nein wird verstärkt, das Knurren lauter, es werden Zähne gefletscht. Hahaha, war ja bloß Spaß. Und dann verbeugt man sich voreinander und startet ein Spielchen. Hunde fühlen sich durchs Anknurren nicht zurückgesetzt, ausgeschlossen oder angegriffen und schmieden Ränke, brechen in Tränen aus, mobben oder was auch immer. Zweibeiner, die von anderen kritisiert, also »angeknurrt« werden, tragen das oft lange mit sich herum und sinnen auf Vergeltung. Wir neigen manchmal dazu, anderen Motive zu unterstellen, die sie gar nicht hatten.

Knurren ist übrigens nicht gleich knurren – es wird situationsspezifisch unterschiedlich geäußert. Selbst wenn wir Menschen das nicht heraushören, so können es Hunde sehr wohl. In einem Versuch wurden vierbeinigen Probanden verschiedene Knurrlaute ihnen unbekannter Artgenossen aus drei unterschiedlichen Situationen vorgespielt. Die Probanden konnten sogar die Größe des knurrenden Hundes richtig einschätzen. Wenn sie spielen, übertreiben sie ihr Knurren gern und stellen sich größer dar, als sie sind – da soll noch einer sagen, Hunde hätten keinen Humor!

Ich frage mich, warum mein Hund mich nicht anknurrt, wenn ich seine Haustür ungefragt öffne. Situationen zum Knurren gäbe es gewiss. Zum Beispiel wenn ich dringend eine Schmuseeinheit brauche, er aber seine Ruhe möchte. Andererseits – würde ich meine Chefin anknurren? Eher nicht, zumal sie einen Generalschlüssel hat. Vielleicht wissen Hunde auch mehr über Zweibeiner, als ich mir vorstellen kann. Neueste Studien zeigen, dass Hunde wahrscheinlich eine ziemlich gute Vorstellung davon haben, was wir von unserer Position aus sehen können oder auch nicht. Vermutlich können sie sich in unsere Perspektive hineindenken. Leckerbissen klauen sie in der Regel nur dann, wenn sie ziemlich sicher sind, nicht ertappt zu werden. Und sie haben eine Vorstellung davon, wie schlecht wir im Dunkeln sehen.

Solche Forschungen lassen mich vermuten, dass Hunde sehr gut darüber Bescheid wissen, wie es um unser Inneres bestellt ist. Und so laden sie uns immer wieder mal auf einen Knurr-Workshop ein. Denn sie merken ja, dass wir Zweibeiner uns sehr schnell zurückgesetzt fühlen oder verletzt sind, wenn wir mit einem Nein konfrontiert werden. Und dass wir sehr viel Zeit, in der wir tolle Dinge machen könnten, damit verschwenden, uns zu überlegen: Hat er jetzt Ja gesagt, weil er das wirklich will, oder wollte er eigentlich Nein sagen, hat es aber nicht getan, weil er mich nicht kränken wollte? Was ist ein Ja wert, das als verkapptes Nein interpretiert wird? Zeige ich mir mit der Unterdrückung meiner Grenzen und mancher Unmutsbekundung nicht selbst die Rote Karte? Letztlich bin ich dabei netter zu anderen als zu mir selbst!

Also knurre ich jetzt manchmal. Bislang nur für mich allein, aber es ist ausbaufähig. Manchmal vor einem Telefonat knurre ich mich sogar warm. Oder danach, zur Entspannung. Auch wenn mir jemand die Vorfahrt nimmt oder meinen Platz in der Warteschlange. Es muss gar nicht laut sein, vielleicht habe ich gar keinen Ton von mir gegeben, nur angesetzt, innerlich. Bereits das wirkt. »Entschuldigung, ich wollte mich nicht vordrängeln.« Geht doch! Wer zu schüchtern ist, kann es auch mit Räuspern versuchen. In den Ohren meines Hundes klingt das vermutlich wie ein Knurren, er wird wissen, dass wir lediglich defizitär, also tonlos grollen können. Räuspern wirkt auch auf unsere Artgenossen. Einer räuspert sich, die anderen werden still.

Ich liebe Knurren! Schon wenn ich den Impuls verspüre, merke ich, dass ich Gefahr laufe, meine Bedürfnisse zu ignorieren. Knurren ist gesund, Knurren ist Prophylaxe. Sonst rutscht man schwupps in die nächste Eskalationsstufe. Und auch wenn ich ein dickes Fell habe, so möchte ich es doch vermeiden, im Edeka an der Käsetheke zähnefletschend zu bellen!

Das Glück winkt mir
mit vier Pfoten …
… wenn ich meine
Stimme erhebe, wo es
nötig ist.

Der Schweinehund

Jeder kennt ihn. Auch Menschen, die niemals auf die Idee kämen, sich einen Hund anzuschaffen, halten einen: den Schweinehund, den inneren. Manche Menschen stehen in regem Austausch mit ihrem Schweinehund. Sie sprechen häufig mit ihm, meistens nicht sehr höflich. Halt's Maul, lass mich in Ruhe – was den Tierschutz betrifft, ist das grenzwertig. Doch gehört der Schweinehund zum Tierschutz? Oder zum Menschenschutz? Und haben Hunde auch einen?

Selbstverständlich! Aber Hunde nehmen ihn an die kurze Leine.

Sechs Uhr morgens. Oskar wacht auf. Sein innerer Schweinehund auch, und der hat gleich ganz viele tolle Ideen. Normalerweise bewacht Oskar den Kerl, doch heute lässt er ihn mal frei, und so übernimmt der Schweinehund die Regie:

Herrchen schläft. Oskar winselt ein bisschen. Sein Laut hinterlässt keine Tonspur. Aber Herrchens Träume stört er. Herrchen taucht aus seinem Tiefschlaf auf. Bevor er abermals abzusinken droht, winselt Oskar erneut, hauchfein und zart. Jetzt ist Herrchen wach. Oskar war's nicht. Er muss auch nicht aufs Klo, aber er tut so. Denn wenn Herrchen das Bett verlässt, ist es nicht mehr weit bis zum Napf. Grummelnd schlüpft Herrchen in die Joggingklamotten, schlurft mit Oskar zum

»Am Anfang schuf Gott den Menschen, aber als er sah, wie schwach er war, gab er ihm den Hund.«
Alphonse Toussenel

Fahrstuhl, geht eine Runde mit ihm um den Block. Der Ordnung halber hebt Oskar dreimal das Bein. Sonst wirkt der Trick ja nicht mehr. Ab neun ist Oskar allein in der Wohnung. Um elf wird er von der Nachbarin abgeholt. Normalerweise würde er bis dahin schlafen. Aber heute lässt er die Sau raus. Als das Sofa zerfleischt darniederliegt, kümmert er sich beherzt um die Topfpflanzen. Erdklumpen spritzen in alle Richtungen, streuseln die Sofafetzen. Doch Oskar ist noch immer nicht zufrieden und hängt sich sportlich an die Gardinen, krallt sich ins Parkett und zerrt und zieht und markiert den Eichenboden.

Alles ganz normales Verhalten. Oskar ist ein Hund. Um verträglich mit seinem Menschen zu leben, muss er seinen Schweinehund an die Kette legen und ein diszipliniertes, ihm artfremdes Leben führen. Ein langweiliges Leben. Womit er sich trotzdem einverstanden erklärt. Aus Liebe.

Unsere Hunde lernen, ihre Geschäfte nicht frei Schnauze zu erledigen, sondern an den Orten, die wir ihnen zuweisen, und zu den Zeiten, die wir ihnen einräumen.

Bevor sie sich lösen, müssen sie uns zeigen, dass sie etwas drückt. Sie müssen Strategien entwickeln, unsere Aufmerksamkeit zu erregen, ohne uns lästig zu fallen oder uns zu verärgern, damit die Signale auch ankommen.

Und auch draußen sind die Hunde nicht frei. Wir bestimmen, wo sie schnuppern dürfen, wir halten sie an der Leine oder gewähren Freilauf … aber nur, wenn der Rückruf klappt. Während der interessantesten Nasenlektüre am Mauseloch kann Frauchens Pfiff ertönen, und dann muss sofort abgebrochen werden, sonst drohen Sanktionen. Ferner ist es nicht gestattet, Nahrung vom Boden aufzunehmen, also genau das zu tun, was dem Hund angeboren ist. Suchen, Schnüffeln, Schnappen sind strengstens verboten! Stattdessen gibt es Trockenfutter oder Dose, und zwar zu den Zeiten, die problemlos in den Alltag des Menschen integriert werden können.

Schweinehund gehabt!

Überhaupt muss der ganze Hund extrem flexibel sein. Wenn Frauchen vegan lebt, ist der Hund mitgehangen und mitgefangen. Vielleicht hat er aber auch Glück, und sie »barft«. Oder er hat Pech, und sie setzt ihn auf Diät. Auf Gedeih und Verderb ist er ausgeliefert und soll zu allem gute Miene machen: Das ist sein Job. Stets fröhlich wedelnd, und das ohne Jagen und Buddeln und Knochen.

Knochen sind ja total ungesund, hört man jetzt allenthalben. Man fragt sich, wie Hunde durch die Jahrtausende gekommen sind. Dafür kriegen sie schöne Klamotten und Halsketten und Spielzeug. Und bitte nur das Spielzeug anknabbern, gell, Bello! Wehe, wenn nicht! Böser Hund, Bello. Und nein, du sollst nicht bellen. Nur wenn jemand klingelt, den wir nicht kennen. Doch nicht, wenn der Herr Baumann vor der Tür steht, böser Bello! Also, von dir hätte ich schon erwartet, dass du riechen kannst, was ich will. Nämlich jetzt mal hopp, hopp vier Stunden schlafen, keinen Mucks will ich hören, und halt bitte unbedingt auch meinen inneren Schweinehund in Schach, der will nämlich nicht arbeiten, sondern aufs Sofa.

Seit ich mit einem Außenhund lebe, ist mein innerer Schweinehund geschrumpft. Was ich nicht geschafft habe, hat Miss Lomax im Pfotenumdrehen erledigt. Der innere Schweinehund, ein athletischer Gesell mit keinem einzigen Gramm Fett am durchtrainierten Körper, folgt ihr aufs Wort, und ich sowieso. Er bevorzugt es oft nur noch der Ordnung halber, auf dem Sofa zu bleiben. Miss Lomax möchte raus, ich gehorche. Reine Willenssache? Aber wer hat hier das Sagen?

Der innere Schweinehund behauptet, es gut mit mir zu meinen. Der Hund würde sich vielleicht dem inneren Schweinehund anschließen, möchte jedoch, dass Frauchen sich bewegt, und rafft sich also auf, so zu tun, als wollte er spazieren gehen, womit er sich gegen seine eigene Bequemlichkeit mit Frauchens Gesundheit verbündet, die wiederum überhaupt keine Lust hat, das Sofa zu verlassen, aber für den Hund ihre Komfortzone aufgibt. Also aus Liebe.

Ja, man kann den inneren Schweinehund bekämpfen. Man kann ihn aber auch einfach mitnehmen in die Natur, denn hat er das nicht verdient, der ja genau genommen die A-Karte gezogen hat … immer aufs Sofa, tagaus, tagein Chips und Bier … dem könnte man schon mal was Schöneres gönnen, im weitesten Sinne gehört er schließlich zu den Glückssymbolen.

Ja, Hunde machen glücklich, sogar den Schweinehund, der pflichtbewusst hinter seinem Mensch-Hund-Team hertrottet. Gassigeher sind nicht auf sechs Beinen unterwegs, sondern auf zehn, und wer genau hinschaut, erkennt ihn, obwohl er sich so dünn macht.

Die zwei da vorne stört er nicht. Locker ihr Gang, fröhlich die Gesichter. Sie drehen sich nicht mal um, wozu auch, sie haben den inneren Schweinehund eingetauscht gegen das Glück auf vier Pfoten. Wow!

Der Menschen-TÜV

Hunde hätten kein Zeitgefühl, hört man des Öfteren. Ich behaupte, dass mein Hund genau weiß, wann es siebzehn und wann es zwanzig Uhr ist.

Um siebzehn Uhr kommt der Napf. Um zwanzig Uhr kommt die Tagesschau, bei mir seit frühester Kindheit verankert. Ich habe schon in Betracht gezogen, ob der Hund die Glockenschläge des Kirchturms zählt. Die Nachrichten werden vom Sofa aus verfolgt, da dulde ich keine Ausnahme, auch der Hund hat sich daran gewöhnt und nimmt dann Platz. Nach der Tagesschau stehe ich meistens auf. Der Hund nicht. Womöglich muss er die Nachrichten erst mal verdauen.

Verdauung ist so pünktlich, wie man es als deutsche Tugend weltweit persifliert. Es gibt die Neun-Uhr-Wurst und die Dreizehndreißiger. Wenn nichts Besonderes passiert, sind sie pünktlich. In sehr seltenen Ausnahmefällen fahren Sonderwürste. Diese Ausnahmen folgen jedoch einer Regel. Wenn ich vierzehn Uhr einen Termin habe, hat kommt die Dreizehndreißiger automatisch verspätet, auch wenn der Hund das eigentlich nicht wissen kann. Eigentlich. Denn natürlich wissen Hunde alles. Zu Besprechungen in Verlagen nehme ich den Hund nur selten mit, manchmal geht es aber nicht anders, vor allem im Sommer, wenn sich das Auto aufheizt. Mit Schreibtischen kennt sich mein Hund aus, das ist sein tägliches Brot. Er liegt ja jeden Tag unter meinem. Kaum betreten wir ein Büro, verkrümelt er sich unter dem Tisch.

»Ach, ist der brav«, sagen die Leute. Oder sie staunen: »Der ist ja entspannt.«

Ja, ist er. Im Gegensatz zu Frauchen, das weiß, das die Dreizehndreißiger noch im Tunnel steckt.

Frau Behrens hat netterweise Kuchen besorgt. Wir wollen über ein aktuelles Buchthema sprechen. Es ist unser erster persönlicher Termin, Frau Behrens ist neu im Verlag und weiß, dass ich in Begleitung eines Hundes komme. Sie hat sogar ein Leckerli parat, eine Kalorienbombe.

Um Gottes willen, schießt es mir durch den Kopf. Das regt bestimmt die Verdauung an – und dann? Aber zurückweisen kann ich es schlecht.

Wir reden uns warm mit Hundethemen, unverfänglicher Small Talk, nehmen die Kurve zu unserem Projekt, da zieht eine Fahne nach oben. Tja, da hat sich nun wohl doch ein bisschen Druck aufgebaut. Man sieht nichts. Man hört nichts. Aber man riecht es. Unausweichlich. Und weich ist an einer solchen Bombe nichts. Sie steht eisern wie eine Kanonenkugel im Raum.

Womöglich denkt Frau Behrens, ich war das. Wenn ich jetzt aber sage, das war mein Hund, wäre es Verrat. Sie könnte auch glauben, ich würde glauben, ihr wäre etwas entfleucht. Es gibt Länder, da ist so was salonfähig. Indien zum Beispiel. Da wird gerülpst und gefurzt und gegähnt, weil es ungesund ist, die Bedürfnisse des Körpers zu unterdrücken, wie ich während einer Ayurveda-Kur lernte. Mein Hund muss für diese Erkenntnis keine Reise unternehmen.

»Ich lüfte mal ein bisschen«, sagt Frau Behrens gepresst. Ihre Gesichtsfarbe spielt ins Violette.

»Gern«, sage ich, selbst kurz vor dem Ersticken. Miss Lomax liegt unter dem Schreibtisch. Sie selbst kriegt nichts mit. Ich weiß nicht, schläft sie ohnmachtähnlich oder hat sie sich bereits selbst vergiftet?

Beim zweiten Stinkbombenalarm verlagern wir unser Gespräch ans Fenster. Frau Behrens fädelt das charmant ein, indem sie von einem Perspektivwechsel spricht. Was das Buch betrifft, entwickeln wir kreativ Ideen, und beim Abschied erfahre ich, dass Frau Behrens das Projekt gerne realisieren möchte, sie wird es in der nächsten Lektoratssitzung vorstellen. Miss Lomax steht auf, schüttelt sich und läuft zur Tür, nicht ohne Frau Behrens freundschaftlich in die Kniekehlen zu stupsen. Grinst sie gar? Und da fällt es mir wie Schuppen von der Nase. Mein Hund hat die neue Lektorin auf Herz und Nieren oder besser gesagt: Herz und Nase geprüft. Ein Test unter Extrembedingungen.

»Sei meines Hundes Freund,
und du bist auch der meine.«
Indianische Weisheit

Während wir zum Auto laufen, fallen mir Dutzende von Situationen ein, in denen Menschen solche Tests bestanden haben – oder eben nicht. Als Hundehalterin bin ich sensibel, was den Umgang mit meiner Schutzbefohlenen betrifft. Wer möchte, dass ich ihn mag, muss meinen Hund mögen oder zumindest so tun als ob. Wer sich nicht wenigstens ein bisschen um ihn bemüht, ihn gar ignoriert, hat keine guten Karten, Eintritt in mein Leben zu erhalten. Und das ist noch längst nicht alles, denn mir fällt nun auch auf, dass mein Hund sich Menschen gegenüber bedeckt hält, bei denen ich, aus welchen Gründen auch immer, vorsichtig bin. Anderen wirft er sein Herz entgegen. So war das bei meiner besten Freundin. Nie zuvor gesehen und große Liebe auf den ersten Blick. Der Hund spürt, wen ich mag, und den mag er auch. Vorbehaltlos.

Seit ich das weiß, beobachte ich seine Reaktionen genauer und erhalte so Aufschluss über meine eigenen Gefühle. Denn nur weil man jemanden sehr lange kennt, muss man sich nicht sehr gern mögen. Vielleicht war das mal so, aber im Lauf der Zeit hat man sich auseinandergelebt. Diese Distanz, die ich mir selbst vielleicht nicht eingestehen kann oder will, erkenne ich im Benehmen meines Hundes. Denn manche Menschen *möchte* ich gern mögen. Oder *muss* sie mögen. Es könnte zu Problemen führen, wenn ich mich der Wahrheit stelle, dass unsere gemeinsame Zeit vorüber ist. Oder mich selbst in Schwierigkeiten bringen: Bin ich wirklich der treue Mensch, für den ich mich halte? Wie lange

Kleine Gestänke erhalten die Freundschaft.

dauern Freundschaften? Wie lange ist Liebe haltbar? Indem ich meinem Hund folge, höre ich auf die Stimme meines Herzens.

In einer Studie zeigten Forscher, dass auch Hunde den Bewertungen ihrer Menschen folgen: Hunde beobachteten die Reaktion ihrer Menschen auf identisch aussehende Plastikflaschen. Die Hundehalter konnten sich auf drei verschiedene Arten zu den Flaschen verhalten: entweder freundlich oder neutral oder angeekelt. Im Anschluss wurden die Hunde mit dem Auftrag zu den Flaschen geschickt, eine zu apportieren. Wen wundert es, dass die Hunde bevorzugt jene Flaschen brachten, die von ihren Menschen mit positiver Aufmerksamkeit bedacht worden waren. Solche Studien zeigen, dass Hunde positive von negativen Emotionen unterscheiden können. Wir dienen unseren Hunden ebenso als Vorbilder wie sie uns. Denn auch wir lassen uns von unseren Hunden vor Flaschen warnen, wenngleich sie nicht aus Plastik bestehen …

*Das Glück winkt mir
mit vier Pfoten …
… wenn ich der
Fährte der Freund-
schaft folge.*

Auf der Couch

Mein erster eigener Hund hieß Luna, und wie es auch beim ersten Kind weit verbreitet ist, machte ich viele Fehler. Übrigens darf man heute ruhigen Gewissens einen Hund als Kind light bezeichnen.

Die Art und Qualität der Beziehung zwischen Mensch und Hund wurde in den letzten Jahren in Studien erforscht. Eine Erkenntnis haben alle Untersuchungen gemein: Die Mensch-Hund-Beziehung hat viele Parallelen mit der Eltern-Kind-Beziehung. Hunde wie Kleinkinder zeigen Trennungsreaktion und Wiedersehensfreude, sie suchen die Nähe der Großen, unterscheiden deutlich zwischen vertrauten und fremden Menschen, zwischen Mama und Papa oder Frauchen und Herrchen. Sie sind für die Schutzbefohlenen im Idealfall ein sicherer Hafen, von dem aus die Welt erkundet werden kann.

Forscher vermuten, dass der Grund für die Ähnlichkeit der Mensch-Hund- und Eltern-Kind-Beziehung darin liegt, dass Hunde wie Kinder auf unsere soziale Unterstützung und Versorgung mit Nahrung und Nähe angewiesen sind. Sie befinden sich in einer Art Abhängigkeitsverhältnis, das sich in den letzten Jahren stark verändert hat. Heute möchten wir unsere Kinder fördern und mit Mitgefühl, Toleranz und Respekt unterstützen. Früher galt es als Erziehungsziel, den Willen des Kindes zu brechen – auch hier finden sich Parallelen zum Umgang mit unseren Hunden. Bei beiden – Kindern und Hunden – hat man sich gesamtgesellschaftlich von der streng autoritären Erziehung sprich Abrichtung verabschiedet. Allerdings wurde die körperliche Züchtigung von Kindern erst im Jahr 2000 verboten. Seither haben sie ein gesetzlich verbrieftes Recht auf eine gewaltfreie Erziehung. Und auch Gewalt gegen Tiere wird geahndet. Wer ein Tier schlägt, ihm Leid zufügt, verstößt gegen das Tierschutzgesetz.

Noch immer gibt es Hundeschulen, die mit harter Hand erziehen. Aber mit Gewalt erreicht man nicht nur beim Hund eher das Gegenteil. Sie verunsichert einen Hund zutiefst, verstört ihn, das Vertrauen zu seinem Menschen bröckelt und bricht. Denn so etwas kennt der Hund unter seinesgleichen nicht. Aus Beobachtungen weiß man, dass Hunde viel feiner kommunizieren, als wir in der Regel wahrnehmen können, und sehr subtil deeskalieren. Etwas Vergleichbares wie das »erzieherische« menschliche Schlagen findet im Hunderudel nicht statt. Die Hunde müssen den Eindruck haben, wir Menschen wären geisteskrank. Und wer will mit so ei-

»Die Größe und den moralischen Fortschritt einer Nation kann man daran messen, wie sie ihre Tiere behandelt.«
Mahatma Gandhi

nem Wesen unter einem Dach leben, da fühlt sich doch kein Hund sicher und wohl!

Bei Frau Konrad in der Hundeschule galten Luna und ich als Streber. Ich glaube, wir waren nicht sonderlich beliebt, denn wir erlebten keine Abenteuer wie die anderen. Pascha hatte auf das Sofa seines Frauchens geschissen. Laika hatte ihre Leine zerbissen, Wanja Holzkohle goutiert und war fast gestorben, Chicco hatte so lange am Kabel gezogen, bis der Computer zersplittert am Boden lag. Mister hatte sich eine Packung Schnapspralinen einverleibt. Im Anschluss musste ihm der Magen ausgepumpt werden; dabei kamen einige vermisste Gegenstände zum Vorschein. In der Tierarztpraxis roch es wie in einer Ausnüchterungszelle. Über zerkaute Schuhe, Decken, Kleidungsstücke regte sich in der Hundeschule niemand mehr auf: alles normal. Was mich heute mit einem gesunden Abstand nicht wundert, denn irgendwo mussten die armen Vierbeiner ihre Aggressionen aus der Hundeschule ja auslassen.

Frau Konrad konnte Luna nicht leiden. Sie mochte prinzipiell keine Labbis, die waren ihr zu lieb und unkompliziert. Sie selbst führte drei Rottweiler, die vorne in ihrem SUV saßen und die Zähne fletschten. Wenn man zu nah an dem Wagen vorbeiging, warfen sie sich knurrend an die Scheiben.

Heute frage ich mich, warum ich ihr nicht nach der ersten, sondern brav erst nach der zehnten Stunde den Rücken kehrte. Es kann nur an ihrer Ausdrucksweise gelegen haben. Die Kunst offenbart sich auch in der Reduktion. Frau Konrad setzte, so wie ich, den Rotstift bei überflüssigen Wörtern an. Für mich sind Buchstabenreihen wie ***darüber hinaus, nicht wahr, wie dem so sei, mal, irgendwie, irgendwas, wie auch immer*** in vielen Fällen überflüssiges Verpackungsmaterial. Frau Konrad wollte, dass wir unseren Hunden klar und deutlich zu verstehen gaben, was wir von ihnen erwarteten. Barfen statt Plastik. Auf das Wort *und* reagierte sie geradezu angriffslustig.

»Warum sagen Sie *und* hier? Warum sagen Sie *und* Platz? Wieso verwirren Sie den Hund mit zwei Wörtern, wo eines genügt?«, knurrte sie uns an.

An Hilmar und Ron, einem Schwulenpärchen, biss sich Frau Konrad die Zähne aus. Die beiden ließen es nicht dabei bewenden, sich dem konradschen Imperativ zu widersetzen, sie verwickelten die Hundetrainerin in Diskussionen über das Charisma der Höflichkeit und hörten nicht auf, ihren Dobermann Rousseau mit Schachtelsätzen zu traktieren.

»Rousseau, hättest du wohl die große Güte, dich von diesem Ort zu entfernen, denn sieh mal, Rousseau, das ist der Platz von Laika, und dich an einen anderen, dir genehmen, der aber nicht schon von einem deiner Freunde besetzt ist, zu begeben, wie wäre es zum Beispiel hier vorne, was meinst du, Rousseau?«

Frau Konrad schäumte, wenn die beiden sich so ausdrückten. »Wie soll der Hund kapieren, was Sie von ihm wollen?«

Doch Rousseau kapierte es, was Hilmar und Ron bestätigte: »Man muss den Hund fordern, um ihn zu fördern.«

Frau Konrad bleckte ihre Zähne. Die Gruppe stöhnte innerlich auf. Wollten wir heute nicht Fuß lernen? Meistens opferte sich dann irgendein Hund mit Helfersyndrom und machte etwas Verbotenes. Sprang an seinem Frauchen hoch oder schnüffelte an Frau Konrads Tasche mit den Gänsegurgeln. Alle atmeten auf, während Frau Konrad ihre Zähne in seinen Nacken schlug.

Heute weiß ich, dass ihre Methoden aus dem letzten Jahrtausend stammten. Und auch, was die Kommunikation betrifft, irrte sie. Es war ihr regelrecht ein Dorn im Auge beziehungsweise Ohr, wenn wir im Babysprachen-Singsang um unsere Vierbeiner warben. Forscher haben mittlerweile herausgefunden, dass nicht nur Welpen intensiv auf starke Intonation beim Sprechen reagieren. Eine Kommunikation in höherer Stimmlage wird schwanzwedelnd begrüßt. Denke ich an den Humor mancher Hunde, frage ich mich, ob sie sich nicht ein Späßchen draus machen, das zwei Meter große Herrchen in höchsten Tönen jubilierend auf und ab springen zu lassen: »Fein. Feini! Feinissimi!« Schon hier zeigt sich der Therapieauftrag mancher Hunde, die nicht nur Herrchens Herz zum Schmelzen bringen, sondern auch wortkarge Helden in Wortfluten stürzen lassen.

Womöglich sparte das sogar die Kosten für eine Psychoanalyse? Man redet ständig und bekommt keine

Antwort, die man sich dann selber gibt. Therapieziel erreicht.

»Ja, gell, das ist jetzt schade, dass das Gassi schon vorbei ist.«

Neurotische Fixierung auf Vergangenes.

»Aber wir sind ja gleich daheim bei der Mama.«

Kastration der Ehefrau.

»Und da darfst du dann ein schönes Schlafi machen.«

Suggestivrhetorik zur Manipulation.

»Aber vorher kriegst du noch ein feines Fressi.«

Orale Triebbefriedigung.

Unterm Strich hat sich die Krankenkasse dieses Herrchens mehrere Tausend Euro gespart, denn er hat seine Vergangenheitsfixierung erfolgreich in die Gegenwart transformiert, sich mit der Beziehung zu seiner Frau arrangiert, indem er das Beste daran lösungsorientiert in den Fokus seiner Aufmerksamkeit stellte, ist insgesamt gelassener geworden und hat seine Essstörung in den Griff bekommen. Die Fortbildung von Haustieren sollte von Krankenkassen gefördert werden, wenn auch nicht durch Frau Konrad.

Oft schon habe ich mich in Gedanken bei Luna entschuldigt, weil ich ihr das Training bei dieser bissigen Fachkraft zumutete. Aber eine der großartigsten Eigenschaften von Hunden ist es, dass sie nicht nachtragend sind. Das Einzige, was nachgetragen wird, ist ein Stock, ein Ball … und den nehm ich jetzt gern und werfe ihn ganz, ganz weit weg. Auf Nimmerwiederfinden!

Das Glück winkt mir mit
vier Pfoten …
… wenn ich meinem Hund
wie einem vierbeinigen
Therapeuten folge.

Das Adressbuch

Luna war zirka fünf Monate alt, da wachte ich von einem seltsamen Geräusch auf. Ich hatte geträumt, es würde Cornflakes regnen, und ordnete das Bild nun dem Geräusch zu. Passte irgendwie. Aber … was war das? Von unten knisperte und knasperte es weiter. Ich schlug die Decke zurück. Stille. Dann begeistertes Tapsen und Trapsen zur Treppe, Hecheln. Luna außer sich vor Freude, Begeisterung, Überschwang. Bloß weil ich aufstand. Über Nacht war sie wieder ein paar Zentimeter gewachsen. Sprang und tanzte und wedelte, als müsste sie unser ganzes Dorf mit Strom versorgen. Keine Spur von schlechtem Gewissen.

Neben dem Küchenbuffet lehnte meine Tasche, offen. Warum hatte ich sie gestern nicht auf das Buffet oder den Tisch gelegt oder ins Arbeitszimmer gebracht, wo sie hingehörte? Oben bedeutete Tabu. Alles, was unten war … nun, da würden wir noch einiges klären müssen. Die Aktenmappe klaffte offen. Ich bekam Herzklopfen. Die zerfleischte handschriftliche Stoffsammlung stellte sich zum Glück als Irrtum heraus.

Aber! Das Adressbuch. Auf den ersten Blick konnte man sich täuschen, doch es lag seltsam verdreht und in sich zusammengesunken neben dem Küchenstuhl. Lunas neugieriger Blick folgte meinen Bewegungen. Ich bückte mich zu dem vormals viereckigen Buch. Es war nahezu dreieckig gestutzt, mit Milchzähnen gestempelt.

Hunde gut,
alles gut.

Ich schlug es auf. Ein dünnes Rinnsal Blut lief aus einer Ecke. Luna hatte ordentliche Arbeit geleistet. Bei A begonnen. Auf den ersten Blick sah es tatsächlich aus, als fehlten nur die Seiten mit A. Luna wedelte dienstbeflissen. Sie hatte schön gründlich vorne begonnen. Von wegen unstrukturiert, nein, das Alphabet beginnt mit A, nicht mit den zehn, zwölf Vorseiten mit Ferienterminen, Weltzeitkarten, persönlichen Daten.

Unter Lunas Decke lugten ein paar Fetzen von A hervor. Ich sammelte sie ein. Ziffern ohne Zusammenhang. Vor dem Badezimmer zuckte R im Todeskampf, hinter der Heizung fand ich amputierte Reste von B und F. Ich sammelte alle Gebeine und legte sie auf den Küchentisch. Luna beobachtete mich. Ein wenig zu interessiert, wie ich fand. War das ein Test: Wie verhält sie sich in Krisensituationen? A fehlte komplett. A wie Anatol, das war sehr bedauerlich, A wie Amanda, das war eine Katastrophe, A wie Arthur, ein Glücksfall, A wie … wer noch? Armin? Luna gähnte. Ja, Armin war langweilig.

»Natürlich kann man auch ohne Hund leben, es lohnt sich nur nicht.«
Heinz Rühmann

Obwohl ich ihn kürzlich noch als guten Freund bezeichnet hatte. Merkwürdig.

Seit Luna unter meinem Dach lebte, war vieles andere verblasst. Genau genommen war ich nicht mehr dieselbe. Was ich nie für möglich gehalten hatte. Bestimmt war A kein unersetzlicher Buchstabe. B hätte ein Desaster bedeutet. Wer stand noch mal unter B … nein, B war ein schlechtes Beispiel. B war ja auch als Buchstabe nicht ernst zu nehmen. Ziemlich weit vorne, aber doch im Schatten des ewig Ersten, nein, es gab viel zu viele Leute, die hießen Bauer oder Berger oder Beate, mindestens fünf Beates kannte ich, auch wenn mir im Moment keine einfiel. B war zu verschmerzen. S wäre ein Unglück gewesen! Luna wedelte. Luna wusste, worauf es ankam. Ich versuchte die Seiten mit S im Kopf zu rekonstruieren. Scheiterte. Und T war erst recht kein Verlust, T wie Tina.

Als ich mit dem Gedanken spielte, einen Hund zu mir zu nehmen, stellten mir manche Menschen seltsame Fragen. Tina wollte wissen: Erstens, wie viel beträgt die Hundesteuer im Jahr, zweitens, hast du dich schon nach einem wirklich guten Tierarzt erkundigt und drittens, wie hoch ist die Lebenserwartung eines Hundes?

Ich warf das Adressbuch in Lunas Körbchen, wo sie es genüsslich einspeichelte, und ging erst mal duschen. Hätte ich dabei wedeln können, ich hätte die ganze Stadt mit Strom versorgt. Aber ich hatte keine Ahnung, dass ich damals schon begann, einem Hund zu folgen … in ein völlig neues Leben, denn das Leben mit Hund unterscheidet sich fundamental von dem ohne Hund.

Nicht-Hundebesitzer glauben, es läge am Gassigehen. Doch das ist bloß äußerlich. Die prägenden Veränderungen geschehen im Inneren. Wenn wir unseren Hunden folgen, sind wir am Ende vielleicht ein bisschen bessere Menschen geworden. Wir haben womöglich keine Lust mehr auf manche höfliche Lüge im gesellschaftlichen Miteinander – und sind ein Stück weit selbstbewusster. Denn das Image der Hundemenschen muss man aushalten können. Sie gelten oft als komisch und verschroben. Niemals wollte ich *so eine* werden, aber es passierte im Pfotenumdrehen, sodass ich es gar nicht richtig mitbekam. Und als ich es merkte, war es zu spät.

Modische Schuhe habe ich zum Beispiel geliebt. Besonders solche, die auf das Trottoir knallen. Eine Woche, nachdem der Welpe bei mir eingezogen war, begann mein Fellwechsel. In einem Outdoorladen, so etwas hätte ich früher niemals betreten, ließ ich mich ausführlich beraten und kaufte dann hässliche Klamotten, damals in Oliv und Braun, das war gerade Mode, wie der Verkäufer sagte. Mode und Outdoor? Niemals! Hätte man mir damals prophezeit, dass ich mir für das Dummytraining mit Miss Lomax so etwas wie ein Bücherregal anziehen würde, hätte ich laut gelacht. Doch diese Jacken sehen wirklich so aus. Sie haben Fächer, in denen man die Dummys verstauen kann. Unglaublich praktisch. Aber man muss reinwachsen. Ich brauchte Jahre dafür.

Keine Frage, meine neue Garderobe war sehr bequem. Besonders die Schuhe. Ich durfte nur nicht hinschauen. Musste ich auch nicht, denn in den ersten Wochen mit Luna gab es draußen viel Matsch, und da brauchte ich die Fußklumpen gar nicht zu sehen. Ziemlich schnell hörte ich auf, sie zu putzen. Zeitverschwendung, sie wurden sowieso gleich wieder dreckig. Außerdem sah mich keiner, da wo ich herumstreifte.

Der Matsch an den Schuhen breitete sich über mein gesamtes Äußeres aus. Das passiert automatisch, wenn der noch unerzogene Hund an einem hochspringt. Der noch unerzogene Hund ist eine einzige Dreckschleuder. Und ein Zeitfresser. Abends war ich oft so müde, dass ich das Haarewaschen auf morgen verschob und dann noch mal und noch mal.

Weil ich es gern sauber habe, putzte ich die Böden zweimal täglich. Da war keine Zeit mehr für Körperpflege. Auch der Innenraum meines Autos schrie mehrfach wöchentlich nach einer Grundreinigung. Ich setzte Prioritäten und verzichtete auf Schmuck, nachdem der

Welpe einen Ohrring verschluckt hatte, den ich in seinen Hinterlassenschaften herumstochernd zu finden hoffte – vergebens.

In der ersten Woche wusch ich mir nach jedem Kontakt mit dem Hund die Hände. Als sie trocken und rot waren, begriff ich, dass ich auf ein Ekzem zusteuerte, und ließ es bleiben. Ich kam immer mehr auf den Hund, und meine Freundinnen und Freunde mussten mit, wenn sie an der Aufrechterhaltung unserer Beziehung interessiert waren.

Verabredungen mit mir waren ausschließlich mobil zu haben. »Das ist sowieso die einzige Art, wie man gute Gespräche führen kann«, behauptete ich. »Im Sitzen hängen die Gehirnzellen schlaff in den Seilen. Die wirklich guten Ideen wachsen beim Gehen.«

Hunde machen Leute.

Seit ich mit einem Hund lebte, aß ich nicht mehr zu Mittag. Mittags ging ich jetzt Gassi, und wer mich sehen wollte, musste sich uns anschließen. Da war ich erbarmungslos. »Das schadet dir nicht«, behauptete ich. »Bisschen frische Luft.«

Wahrscheinlich bin ich in all den Jahren wenn auch nicht zur Vier-, so doch vielleicht zur Dreibeinerin geworden und habe es nicht gemerkt. Luna zeigte mir die Fährte zu mir selbst. Und wenn ich sie einmal verliere, brauche ich mich nur an die Pfoten meines Hundes zu heften.

Das Glück winkt mir mit
vier Pfoten …
… wenn ich der
Menschenkenntnis
meines Hundes vertraue.

Rabenfrauchen

Frau Bergmann ist hin und weg von meinem tollen Hund. Vor Stolz schwillt bald mein Mutterbusen, als ich aufzähle, was mein Hund alles kann.

»Und Sie schauen gar nicht nach ihm?«, wundert sich Frau Bergmann, weil ich mich keinen Deut kümmere, so als hätte ich gar keinen Hund dabei. »Er läuft nicht weg, wenn Sie ihn frei lassen?«

»Nein, er bleibt immer bei mir.«

»Hat er das in der Hundeschule gelernt?«

»Ich hatte das Glück, in der Welpenzeit ein Buch mit einer Hundetrainerin zu schreiben. Sie hat aufgepasst, dass ich alles richtig mache. Aber viel hätte ich bei diesem tollen Hund gar nicht falsch machen können. Am wichtigsten ist es, mit offenem Herzen zu kommunizieren. Nie zu vergessen, dass der Hund kein Ding ist, sondern ein Lebewesen, das Gefühle hat wie wir Menschen auch.«

»Und Katzen«, ergänzt Frau Bergmann und erzählt von Fredi und Susi.

»Jetzt links«, deute ich auf einen kleinen Pfad und wir biegen ab. »Und wo ist Ihr Hund?«, fragt Frau Bergmann.

»Der kommt dann schon«, versichere ich ihr.

»Aber woher weiß er, dass wir …« Sie lacht. »Aber natürlich. Das riecht er.«

Ich nicke.

Nach zwei, drei Minuten schaut sich Frau Bergmann irritiert um. Auch ich bin irritiert, lasse mir das jedoch nicht anmerken.

»Und er findet uns bestimmt?«, fragt sie.

»Sicher«, sage ich gelassener, als ich mich fühle. Drei Minuten sind ganz schön lang. So lang war Miss Lomax noch nie weg.

Am liebsten würde ich sie rufen, doch damit hätte ich alle meine Lobesreden als Lügen enttarnt. Außerdem widerstrebt es mir, als gemeine Hundehalterin am Waldrand zu stehen und meinen Hund zu rufen. Noch dazu bei so einem Namen. Da wäre eine beliebte Variante weniger peinlich. Zum Beispiel:

»Emma!«

»Emma hier!«

»Emma hierher!«

»Hierher! Emma!!«

»Eeeeeeemmmmmmaaaa!«

»Emmmmmmma, komm jetzt her! Los!«

»Hier! Hierher, Emma! Hier!«

»Man kann gar wohl fragen: Was wäre der Mensch ohne die Tiere? Aber nicht umgekehrt: Was wären die Tiere ohne Menschen?«
Christian Friedrich Hebbel

Irgendwann wendet sich die Hundebesitzerin achselzuckend ab. Wenn sie Glück hat, wird Emma keine Leichen hinterlassen, kein Loch in eine Jacke gerissen, keine Joggerin zu Tode erschreckt haben. Weil, Emma ist ja ganz eine Liebe, gell. Die will nämlich immer nur spielen. Und gespielt hat sie auch, wenn sie aus dem Wald zurückkehrt, sich vielleicht noch mal schnell die Lippen leckt. Von dem trächtigen Reh, das sie gejagt hat und das sich dabei das Bein gebrochen hat und samt Kitz im Bauch in die ewigen Jagdgründe eingehen wird, weiß Frauchen nichts.

Nie im Leben wollte ich zu einer Hundehalterin werden, die Hunde über alle anderen Tiere stellt und deshalb beim Spazierengehen keine Rücksicht nimmt. Ich wohne im Speckgürtel Münchens, und der wird von nicht wenigen Menschen als Open-Air-Sportstudio und für allerlei Freizeitaktivitäten genutzt. Auf den Wegen bleiben nur Langweiler. Lieber sich durchs Unterholz schlagen, um eine besonders schöne Wiese zu finden, auf der im Verborgenen vielleicht ein seltener Vogel brütet. Der Vogel ergreift dann die Flucht, was die Freizeitaktiven aber gar nicht bemerken. Ihr Hund schon, der findet das toll und sorgt auch dafür, dass der Vogel nicht zurückkehrt. Weil Frauchen so glücklich ist, dass sich der Hund so freut und vielleicht verweilt. Da ein Ei nach dreißig Minuten abgekühlt ist, können viele Jungvögel nicht schlüpfen, was die angeblich so naturliebenden Menschen sicher nicht wollten, wenn sie es denn gewusst hätten. Ich meine, es gibt genug Natur: Wege, Pfade, die bewandert und besportelt werden können, auch Mountainbike-Strecken, Pisten für Stöckelwild, wie Nordic Walker mancherorts genannt werden, und Schneeschuhläufer. Das Aufschrecken ist für viele Tiere und Vögel lebensbedrohlich, vor allem im Winter, wenn jede Bewegung Kraft kostet und die Tiere nur begrenzte Energie zur Verfügung haben.

Ich mag alle Tiere, nicht nur meinen Hund, aber den am liebsten von allen. Trotzdem muss er folgen wie geschmiert. Und das machte er auch. Bis vor fünf Minuten. Kein Bild, kein Ton von meinem Hund. Mir wird mulmig. Schon spüre ich die kalten Finger der Angst um mein Herz. Wenn ihr etwas zugestoßen ist? Ein Unfall, ein Jäger, eine Falle? Der Hund einer Bekannten ist vor einigen Monaten auf einen Ast getreten und hat sich den Brustkorb durchbohrt.

»Miss Lomax!«, rufe ich nicht besonders laut, eher beiläufig.

»Miss Lomax!«, wiederholt Frau Bergmann in doppelter Lautstärke, will dann wissen: »Passiert das öfter?«

»Noch nie«, antworte ich und höre selbst, wie unglaubwürdig das klingt. Die Wahrheit ist, dass es tatsächlich erst einmal passiert ist. Da war Miss Lomax noch ein Welpe. Während eines Arztbesuchs hatte ich sie im Auto gelassen und danach herausgeholt, damit sie sich lösen konnte. Ich war kurz abgelenkt, dann war der Hund verschwunden. Zwanzig schreckliche Minuten lang suchte ich sie – an einer stark befahrenen Straße, während in meinem Kopf die Horrorszenarien Karussell fuhren. Endlich kam ich auf die Idee, in dem Haus mit der Arztpraxis zu suchen. Und tatsächlich: Sie war wohl meiner Fährte gefolgt, in das Haus geschlüpft und kam nicht mehr raus, als die Tür ins Schloss fiel.

»Aber wo ist sie denn jetzt?«, fragt Frau Bergmann. Sie scheint ernstlich besorgt, das nimmt mich für sie ein, aber trotzdem ist das alles einfach nur peinlich. Noch dazu bei einem geschäftlichen Treffen. Wie so oft habe ich einen gemeinsamen Spaziergang zum Kennenlernen vorgeschlagen. Die meisten Menschen finden das ganz toll, danach trinkt man noch eine Tasse Kaffee – ein schöner Beginn für eine Zusammenarbeit. Die nun vermutlich nicht stattfinden wird, denn ich habe mich ja als Betrügerin erwiesen. Von wegen ***Mein Hund bleibt immer bei mir.*** Eine Stimme in mir sagt, dass ich meinen Hund nicht wie einen narzisstischen Auswuchs meiner selbst behandeln sollte. Der Hund ist ein eigenständiges Lebewesen, das entschieden hat, diesen langweiligen

Der Hund fällt nicht weit vom Stamm.

Spaziergang, bei dem ihn sein Frauchen komplett ignoriert, interessanter zu gestalten. Womöglich hat er gemutmaßt, dass sein Strawanzen gar nicht auffallen würde. Es kümmert sich ja keiner um ihn. Fehler: Frau Bergmann kümmert sich, ich Rabenfrauchen nicht. Und das habe ich jetzt davon. Hoffentlich, hoffentlich, hoffentlich ist meiner lieben Miss Lomax nichts zugestoßen! Wie konnte ich sie nur so lange aus den Augen lassen! Sie ist mir doch viel wichtiger als Frau Bergmann und der neue Auftrag und … mein lieber Hundling, wo bist du?

»Vielleicht ist Ihr Hund das einfach nicht gewohnt, dass Sie sich so wenig um ihn kümmern, weil wir uns so intensiv unterhalten haben«, baut mir Frau Bergmann eine Brücke. Ich bin bereits eine Lügnerin, es ist also egal. »Ja, so wird es sein«, nicke ich. Aber so ist es nicht. Ganz im Gegenteil. Frau Bergmann ist der Tropfen, der das Fass zum Überlaufen bringt. Was habe ich dem Hund in den letzten beiden Wochen zugemutet? Einen Geschäftstermin nach dem anderen. Nur auf unseren Morgengassis waren wir zu zweit unterwegs – ansonsten immer in Begleitung, was bedeutet, Frauchen quatscht und Hund übt sich in stiller Beschäftigung. Meine Versäumnisse treiben mir die Röte ins Gesicht, aber mir ist sowieso schon heiß und gleichzeitig eiskalt. »Miss Lomax«, rufe ich in den Wald, jetzt ist mir alles egal. »Miss Lomax!!« Meine Stimme klingt panisch. Fantasie ist hübsch, wenn man sie nutzt, um Bücher zu schreiben.

Wenn sie allerdings in Eigenregie hässliche Bilder produziert, ist das Folter.

Ich will mit einem Hund leben, um der Zeit ein Schnippchen zu schlagen. Ich möchte mein Leben mit einem Hund teilen, um es bewusst zu gestalten. Ich will mehr Zeit für mich haben und hoffte, dass der Hund dafür sorgen würde, weil wir spazieren gehen würden. Der Hund und ich draußen, stundenlang strawanzend, weite Felder, meine Fantasie im freien Lauf, verbunden mit der Natur. Das schaffte ich nicht immer, und so bewies ich mein Organisationstalent, indem ich zwei Fliegen mit einer Klappe schlug, mindestens. Oft waren es drei und mehr. Ich packte den Hund ins Auto, ließ ihn beim Sport warten, kaufte noch schnell ein, fuhr noch schnell wo vorbei und verabredete mich zum Gassi mit Leuten, die ich mal wieder treffen musste. War ich nicht supereffektiv effizient? Und abends hakte ich meine To-do-Liste ab: Done! Dopamin flutete mich. Eigentlich war ich ein Balljunkie, nur noch fixiert darauf, so viele Häkchen wie möglich zu machen.

Und jetzt hat der Hund einen Haken geschlagen. Aber er lässt mich nicht dran hängen. Als er merkt, dass ich meine Lektion gelernt habe, steht er wedelnd vor mir, als wär nichts gewesen. Hunde sind nicht nachtragend, und ich bin es auch nicht. »Schön, dass du wieder da bist«, sag ich leise und: »Ich bleib jetzt auch bei dir.«

Das Glück winkt mir
mit vier Pfoten …
… wenn ich meinem
Hund folge, damit er
mir folgt.

Häkchenrausch

Häkchen kommen gern harmlos daher. Locken mit Dopamin und Multitasking und haben dann doch Widerhaken. Das Gehirn unterscheidet nicht zwischen wichtig und unwichtig. Es will sein Häkchen, es will sein Leckerli. Blöd ist bloß, dass man immer mehr Häkchen braucht, um sich wirklich gut zu fühlen. Es muss immer mehr reingepackt werden in die Lebenszeit. Bloß nichts verpassen! Es wird auch immer mehr angeboten. Die To-do-Liste wird länger und länger. Gibt es ein Gegenmittel? Ja, einen Hund!

Mein lieber Hund war knapp drei Monate alt und erst seit wenigen Tagen bei mir. Als pflichtbewusstes Frauchen meldete ich uns bei einer Hundeschule an. *Sitz* beherrschte der Welpe bereits, es entspricht seinem Wesen: Erst mal hinsetzen und abwarten. An der Leine war er noch nie gelaufen. Der Hundetrainer, der mit einem laut knatternden Motorrad zum Trainingsplatz gefahren war, leinte ihn an, ohne mich zu fragen, und zerrte ihn auf den Platz. Das war der erste Moment, in dem ich hätte gehen sollen. Aber hätte ich dann mein Häkchen machen können?

Acht Hunde, alle bedeutend älter als meiner, saßen im Kreis neben ihren Haltern, und der Trainier predigte und hörte nicht mehr auf. Die Hunde langweilten sich, und es war nicht leicht, sie unter Kontrolle zu halten. Sie jaulten, stürmten an der Leine nach vorn, bellten sich an. Allein Miss Lomax blieb im kalten Nordwind wie angewurzelt sitzen und beobachtete den gestikulierenden Zweibeiner mit schräg geneigtem Kopf.

Mir gefiel das, was der mutmaßlich selbst erklärte Fachmann da sagte, ganz und gar nicht. Niemals dürfe der Hund einen Platz in der Küche beanspruchen, weil hier das Fressen verwaltet würde. Wer mit Garten wohne, müsse die Außentür geschlossen halten, der Hund habe nicht zu entscheiden, wann er nach draußen gehe. Widerspruch regte sich in mir, da bellte er mich an: »Ihr Hund sitzt zu weit hinten. Fünf Zentimeter weiter vor.« Alle schauten mich an. Mein Welpe auch. Ich wusste nicht, wie ich ihm erklären sollte, dass er weiter vor musste – ja, *musste,* in diesem Moment war das ein Gesetz. Ich zog ein bisschen an der Leine. Der Welpenhals wurde länger. Ich zog mehr. Der schwarze Hundehals verwandelte sich in einen Schwanenhals. Der Leib blieb sitzen. Ich ruckte. Und da riss etwas. Ich spürte es ganz genau, und ich konnte es auch am Körper des kleinen Hundes erkennen, der nun auf gleicher Höhe mit meinen Schuhspitzen saß. Doch eigentlich saß da nur noch ein Schatten seiner selbst, eine Attrappe, deren flaumiges Fellchen vom Ostwind gegen den Strich gebürstet wurde. Unsere Verbindung war gerissen. Nicht wegen des Rucks. Ich hatte für einen fremden Mann, von dem ich ohnehin nichts hielt, darauf bestanden, dass mein Hund funktionierte, und ihn zu einem Ding degradiert.

Weil ich höflich bin, blieb ich auf dem Übungsplatz. Der Trainer redete und redete und redete, und irgendwann sollten wir uns von den sitzenden Hunden entfernen und sie abrufen. Der einzige Hund, bei dem das klappte, war meiner. »Zufall«, urteilte der Trainer, der mich genauso wenig ausstehen konnte wie ich ihn. Denn er hatte ja zwei Huskies. Ich hatte bloß einen »Labbi«. Wie schon der Name sagt: Läppischer Putzlappen.

Oh, wie schämte ich mich, dass ich am Anfang darauf hingewiesen hatte, dass Miss Lomax aus der Arbeitslinie stammte, also kein massiver Labrador werden würde, sondern die schlankere, sportliche Variante. Ein Cabrio. Wie entsetzlich. Ich hatte den Hund doch nicht, um mit ihm anzugeben oder zu beweisen, wie toll er war und ergo ich, am anderen Ende der Leine hängend. Gewiss, stolz wollte ich sein, natürlich, ich bin auf alles stolz, was ich lieb habe, und schon nach unseren ersten vier Tagen hatte ich das seidenweiche Fellbaby tief ins Herz geschlossen und wünschte mir ein langes glückliches Leben mit ihm. Und ich sorgte mich, ob auch alles klappen würde. Ob wir uns gut verstehen würden. Ob er mir folgen würde. Deshalb war ich doch hier, damit mir mein Hund folgte.

»Keine Beleidigung würde mich so hart treffen wie ein misstrauischer Blick von einem meiner Hunde.«
James Gardener

Man soll den Hund vor dem Abend loben.

Aber hatte ich mit diesem Training nicht das Gegenteil erreicht? Wollte ich, dass mein Hund gehorsam war, oder wollte ich, dass er mir aus freien Stücken folgte? Ist nicht genau das der Traum, das ganz große Glück? Wo immer ich bin, du an meiner Seite. Streifen wir durch die Wälder und über Wiesen. Da vorne steht ein Reh. Du verharrst und schaust mich an, eine Frage im Blick: Hast du es gerochen? »Ich habe es gesehen«, antworte ich. Und ohne die Stimme zu erheben: »Bleib bei mir.« Und du bleibst bei mir, weil das dein Platz ist, an meiner Seite. Ich muss dich nicht anleinen oder zwingen oder rufen oder bestechen. Du hast entschieden, zu mir zu gehören.

Wem folge ich selbst aus freien Stücken? Denjenigen, die ich mag, bei denen ich mich wohlfühle, mit denen es leicht und heiter ist, die mich weiterbringen, die gut zu mir sind, die mich akzeptieren wie ich bin, die nicht ständig an mir herumerziehen und niemals vergessen, dass in meiner Brust wie in ihrer ein Herz schlägt – und das fühlt die gleichen Empfindungen.

Der Gehirnaufbau von Hund, Katze, Elefant, Löwe und so weiter stimmt bis auf minimalste Abweichungen mit dem des Menschen überein. Wir unterscheiden uns von den meisten anderen Tieren nur durch einige kleine Einheiten in den jüngsten Gehirn-Bereichen – Frontalkortex oder Stirnlappen –, die für die Flexibilisierung emotionalen Verhaltens zuständig sind. Wir können also davon ausgehen, dass Säugetiere Emotionen differenziert wahrnehmen. Selbst bei einfachen Wirbeltieren wie Vögeln, Krokodilen und Fröschen finden wir die Voraussetzungen, um Emotionen zu erleben, wie wir Menschen sie kennen. Wir gehen sogar bei Insekten davon aus, dass sie Schmerz erleben können und aufgrund eines Schmerzerlebens Gefahr meiden.

Nein, ich glaube nicht, dass Tiere die besseren Menschen sind. Aber in uns Menschen stecken Tiere. Der vermeintliche Vorsprung der Krone der Schöpfung schrumpft.

Das Glück winkt mir mit vier Pfoten …
… wenn ich der Stimme meines Herzens folge.

Im Auge des Sturms

Eigentlich hatte ich nur schnell Milch kaufen wollen. Eine Sache von fünfzehn Minuten.

Drei Wochen später kam ich für eine Stippvisite nach Hause. Übermorgen würde die Reha beginnen. Ich hatte großes Glück gehabt, und es hatte trotzdem sehr wehgetan. Die Feuerwehr hatte mich aus dem Auto schneiden müssen. Seither meide ich die Straßen bei Sturm, wenngleich es damals nur windig war.

Ach, wie hatte ich den Hund vermisst! Und er mich? Ich war mir nicht sicher, was ich mir wünschte: hoffentlich nicht oder hoffentlich sehr?

Leichte Irritation, dann heftiges Wedeln. Ich ging in die Knie. Der Hund lief zu mir, schnupperte an meinem Gesicht, drehte ab und verzog sich unter den Tisch.

Ich war erleichtert und enttäuscht zugleich. Erleichtert, weil ich jetzt nicht wichtig für ihn war, denn ich konnte ihm ja aktuell nichts von dem geben, was er

Kommt Zeit,
kommt Hund.

brauchte. Ich war nur auf Besuch hier. Und enttäuscht, weil ich ihm so wenig zu bedeuten schien. Von wegen Hunde sind treue Seelen, wohl eher: Aus den Augen, aus dem Sinn!

»Du riechst bestimmt anders als sonst«, tröstete mich mein Mann. »Nach all den Medikamenten.«

»Ja, das wird es sein«, sagte ich lockerer, als mir zumute war.

Denn hatte ich nicht auch Geschichten gelesen von Hunden, die jahrelang auf ihre Herrchen und Frauchen warteten? Mein Hund vergaß mich innerhalb weniger Wochen!

»Sie ist eine treulose Tomate!«, beschwerte ich mich bei meinem Mann.

»Du bist zu ungeduldig«, entgegnete mein Mann.

Auch am nächsten Tag wurde ich ignoriert. Kein Wunder, war ich doch vollkommen nutzlos, ging nicht Gassi, servierte keinen Napf ... ich war überflüssig wie ein Kropf.

Bestimmt stank ich noch immer bestialisch nach komischem Zeug. Ja, war ich denn überhaupt Frauchen? Oder nur ein Bluff? Ich mochte mich selbst in diesem geschwächten Zustand nicht leiden. Gewiss, ich würde mich vollständig erholen, wie gesagt, ich hatte großes Glück gehabt, aber noch war ich nicht die von früher. Mein Mann freute sich trotzdem, meinem Hund war ich egal.

Ich war nicht nur ungeduldig, wie mir am nächsten Morgen auffiel. Ich hatte auch zu viel erwartet. Nicht bloß vom Hund, sondern allgemein und immer. Und weil sich meine Erwartungen nicht erfüllten, war ich enttäuscht.

Ich fragte mich ernsthaft: Wie kann ich Enttäuschungen vorbeugen? Die Antwort: Indem ich »einfach« nichts mehr erwarte. Gar nichts mehr. Kein dampfendes Essen auf dem Tisch beim Nachhausekommen, keine tollen Geburtstagsgeschenke, keine begeisterten Leserbriefe, kein schönes Wetter und natürlich keine Liebeserklärungen meines Hundes. Ja, es war total einfach, und ich würde schätzungsweise bis an mein Lebensende damit zubringen, das auch nur zu einem Bruchteil hinzukriegen.

Na gut, vielleicht sollte ich den Spieß umdrehen und mich einmal fragen, was mein Hund von mir erwartete? Jedenfalls keinen so schlaffen Eindruck. Eher Elan, Körperspannung, Aktivität. Das alles hatte ich ihm versagt. Und anstatt mir enttäuscht Vorhaltungen zu machen, hatte er es nicht persönlich genommen und mich freundlich ignoriert. Weiterhin behandelte er mich wie ein Möbelstück. Ich war ein Ding geworden, das in seinem Leben keine Rolle spielte.

Aber ich wollte wieder wichtig werden in diesem Hundeleben! Mit seiner Ignoranz motivierte mich der Hund auf das Äußerste. Ich wollte nicht nur für mich fit sein, ich wollte es für den Hund. In einem gesunden Körper wohnt und so weiter. Man kennt das von älteren

»Hunde haben alle guten Eigenschaften des Menschen, ohne gleichzeitig ihre Fehler zu besitzen.«
Friedrich II., der Große

Hundebesitzern, die nach Auskunft vieler Studien deutlich gesünder sind als Menschen ohne Vierbeiner. Die täglich frische Luft tut gut, Bewegung sowieso – und außerdem … kann ich meinen Hund doch nicht im Stich lassen … und also auch nicht mich selbst.

In jeder Sekunde mit meinem Hund liegt es an mir, was ich daraus mache. Und nicht nur mit meinem Hund, sondern mit jedem Lebewesen. Betrachte ich die Menschen in meiner Umgebung wie Möbelstücke? Sehe ich sie vor allem in ihrer Funktion: Das ist der Mann meiner Nachbarin … das ist die Brezenaushändigerin in der Bäckerei. Nein, sie ist kein Brezenautomat, sondern ein Mensch. Und der Nachbar ist nicht bloß ein Anhängsel. Alle Lebewesen haben ein Herz, und wenn ich mein eigenes öffne, sind wir miteinander verbunden und können von Herz zu Herz kommunizieren – und das verändert das ganze Leben.

Sobald ich meinem Hund mit einem offenen Herzen begegne, antwortet er mir. Es ist ein bisschen so, als würden unsere Herzen im gleichen Takt schlagen – wie bei Menschen, die gemeinsam eine schwierige Aufgabe bewältigen, was man bei Orchestermusikern, Chirurgen und Liebenden erforscht hat. Auch das Lieben ist eine Kunst, in der mein Hund vorausläuft.

Das Glück winkt mir mit vier Pfoten …
… wenn ich meine Erwartungen wie
meinen Hund an die Leine nehme.

Die Sofafrage

Es gibt Fragen, die braucht man gar nicht zu stellen, weil man sowieso keine ehrliche Antwort bekommt. Zum Beispiel: Wie oft haben Sie Sex? Oder: Darf Ihr Hund aufs Sofa? Beziehungsweise ganz frech: Darf er ins Bett?

Die Sofafrage kann Paare nicht nur beuteln, sondern sogar trennen. Bei uns war es dann allerdings so, dass ich meinen Mann dabei ertappte, wie er mit überirdischem Grinsen auf dem Sofa saß, den Hundekopf im Schoß.

»Schön warm«, war alles, was er zu seiner Verteidigung vorbrachte. Dabei hatte er so feste Grundsätze gehabt! Er wirkte nicht einmal verlegen. Das Glück war größer. Ich setzte mich dazu.

Tatsächlich hat sich die Frage in den letzten Jahren vom Sofa aufs Bett verlagert. Heute wundert sich keiner mehr, wenn Hunde auf Sofas thronen. Gelegentlich sieht man sie sogar in Restaurants am und nicht unterm Tisch, wie Professor Achim Gruber in seinem Buch *Das Kuscheltierdrama* erzählt. Eine ältere Dame mit Hund auf dem Schoß teilt schwesterlich: *Ein Löffelchen für dich, ein Löffelchen für mich.* Als Hygieniker interessiert sich der Professor vor allem für die Frage, ob der Hund richtig entwurmt ist. Als Tierarzt hofft er, der Hund erhält keine Zwiebeln, keine Weintrauben, keine Rosinen, keine Schokolade und vor allem keinen Süßstoff mit

Xylitol, daran könnte er nämlich sterben. Besser wäre es übrigens, die Dame würde Hundedosenfutter zu sich nehmen; nicht selten ist Heimtierfutter nahrhafter und ernährungsphysiologisch sinnvoller als manches, was wir in unseren eigenen Regalen finden.

Bleibt die Frage: Darf man das prinzipiell? Nach dem Tierschutzgesetz ist jeder, der ein Tier hält, nicht nur verpflichtet, Schmerzen, Leiden und Schäden von dem Tier fernzuhalten, sondern auch, es artgerecht zu behandeln. Aber was ist, wenn es Fifi seit seiner Welpenzeit nicht anders kennt? Er würde vielleicht darunter leiden und es als Bestrafung interpretieren, wenn man ihm die Menschenrechte entzöge …

Genauso erging es mir früher. Ich habe sehr darunter gelitten, als ich Luna nach einigen Jahren unseres Zusammenlebens das Sofa offerierte und sie sich weigerte, dort Platz zu nehmen. Zu oft hatte ich es untersagt. Wenn es mir hin und wieder doch gelang, sie nach oben zu locken, wirkte sie angespannt. Schade! Wie viele schöne Stunden habe ich mir damit selbst gestohlen – und warum? Weil ich irgendwann in meiner Kindheit gelernt habe, dass Hunde »bäh bäh« sind und nicht aufs Sofa gehören. Ich habe auch gelernt, dass Butter oder wahlweise Margarine gesünder sind und dass Spinat unglaublich viel Eisen enthält. Bis der Kommafehler aufflog, der zu dieser falschen Behauptung geführt hatte und Kohorten von Kindern im Hals stecken geblieben war.

Ist es nicht normal, dass Familienmitglieder es sich auf der Couch gemütlich machen – oder in einem Bett schlafen? In einer Studie wurde der Schlaf von Menschen überprüft, die ihr Lager mit Hunden teilten. Man fand heraus, dass die meisten von ihnen ohne Hund besser schliefen, ihre Schlafqualität war deutlich höher. Doch als man sie mit diesem Ergebnis konfrontierte und fragte, ob sie in Zukunft auf Hunde im Bett verzichten würden, sagten alle: Nein!

Hunde schlafen entspannter, wenn sie sich in der Nähe ihres Rudels, ihrer Menschen oder sogar in unmittelbarem Kontakt mit ihnen befinden. Das hat man durch die Beobachtung ihrer Tiefschlafphasen herausgefunden. Die Nähe vermittelt ihnen Sicherheit und Geborgenheit. In der Fachsprache nennt man dieses Verhalten Kontaktliegen. So wird Wärme ausgetauscht und Oxytocin ausgeschüttet, das sogenannte Wohlfühl- und Bindungshormon.

Gut Hund will
Weile haben.

Oxytocin wird auch ausgeschüttet, wenn Hunde mit Menschen kuscheln – und zwar bei beiden. Kuscheln ist gesund, solange die Grundregeln der Hygiene beachtet werden. Davon abgesehen stärkt es das Zusammengehörigkeitsgefühl und stellt ein wichtiges soziales Ritual in einer Gruppe dar … und es macht wahnsinnig glücklich. Den Atem des Gefährten zu hören, gern auch mal das Schnarchen. Ihn beim Träumen zu beobachten und sich vorzustellen, was er gerade erlebt. Läuft er hinter einer Maus her? Die Pfoten zucken – buddelt er? Und was hat er gefangen, so wie er kaut und schluckt? Einen riesigen Laib Käse?

Es kostet keine große Überwindung, sich nah zu einem Tier zu setzen, die Hand auf sein Fell zu legen und zu streicheln. Wie viel schwieriger ist es, sich nah zu einem nicht vertrauten Menschen zu setzen, seine Hand zu halten, ihn vielleicht zu streicheln! Die Grenze zwischen Mensch und Mensch erscheint unüberwindlich im Vergleich zu der von Tier zu Mensch. Vielleicht sollte ich andere Menschen hin und wieder wie Hunde behan-

»Freiwillige Abhängigkeit ist der schönste Zustand – und wie wäre der möglich ohne Liebe?«
Johann Wolfgang von Goethe

deln, zu unser beider Freude und Entspannung! Händchen haltend im Kino mit einer Freundin, Großmutters Kopf streicheln, den schmerzenden Rücken eines Bekannten massieren … oder einfach nah beieinandersitzen, Kontaktsitzen, sozusagen. Und wer quetscht sich jetzt dazwischen? Miss Lomax! Du stehst auf meinem Magen!

Nein, es ist nicht normal, dass du und ich ein so gutes Team sind. Eigentlich stammen wir von verschiedenen Planeten. Du lebst in einer Geruchswelt, ich orientiere mich vor allem mit meinen Augen. Du hast ein Fell, ich bin nackt und mir fehlen zwei Beine, dafür hast du keine Hände. Ich verstehe deine Sprache ein wenig, du meine besser, aber wir haben keine gemeinsame. Was dir Spaß macht, finde ich oft eklig und umgekehrt. Trotzdem … ist es wunderschön mit dir. Und weißt du was? Wenn ich dir bei deinen in meinen Augen absurden Vergnügungen zusehe, bin ich oft rundum glücklich. Ich freue mich, weil du so begeistert buddelst! Aber bitte fang nie eine Maus. Oder wenn doch, dann nur hinter meinem Rücken.
Wenn du leise schnorchelst unterm Tisch auf deinem Fell, halte ich manchmal die Luft an, um keinen Laut zu versäumen, so beglückend ist es, dir beim Schlafen zuzuhören. Oder einen Apfel mit dir zu teilen. Hätte Eva das große Hundeglück gekannt, dann hätte sie den Apfel niemals Adam offeriert, und alles wäre ganz anders gekommen. Kein Mann kann einen Apfel so hinreißend

schmatzend verdrücken wie ein Hund. Oder eine Wassermelone. Ich liebe es, wenn ich dir im Sommer Stücke von meiner abgebe und wir Seit an Seit im Gras liegen, beziehungsweise ich auf der Decke, du im Gras, was spätestens nach zehn Minuten so aussieht, dass wir beide auf der Decke liegen, und nach fünfzehn Minuten liegst nur noch du auf der Decke und ich im Gras. Wie wir es Abend für Abend auf dem Sofa proben, wenn du immer mehr in die Richtung meines Platzes rückst, deine Nase in die Menschenkuhle bettest, eine Wolke Frauchen … der Geruch entspannt dich.

Dein tiefes Vertrauen erfüllt mich mit Dankbarkeit. Artübergreifend überwindet es jede Grenze … da müsste es doch auch zwischen Menschen besser klappen, denke ich manchmal.

Das Glück winkt mir
mit vier Pfoten …
… wenn ich wie mein
Hund Grenzen überwinde.

Immer der Nase nach

Stellen Sie sich vor, Sie hätten seit Monaten keine Schokolade gegessen, obwohl Sie süchtig danach sind. Und nun liegt die köstlichste Schokolade der Welt vor Ihren Augen. Sie dürfen sofort zugreifen ... wenn Sie eine kleine Aufgabe erfüllen: Sie müssen eine Schokoladenfährte erschnüffeln.

Die meisten Menschen haben keine Ahnung, zu welchen Leistungen ihre Nasen imstande sind. Wissenschaftler legten auf einem zehn mal zehn Meter großen Feld kreuz und quer eine Schokoladenspur aus, die durch eine verdunkelte Brille »erblindete« Versuchsteilnehmer erschnuppern sollten. Immerhin zwei Drittel der Teilnehmer gelangten vom Rand des Feldes zur Geruchsspur und verfolgten sie bis zum Schluss. Nun gut, bei Hunden wäre die Quote höher gewesen, aber mal Hand aufs Herz beziehungsweise auf die Nase: Hätten Sie das für möglich gehalten? Wie viel Hund steckt in jedem von uns? Die neuesten Forschungen vor allem von Prof. Dr. Bettina M. Pause zeigen, dass wir Menschen genauso gut, wenn nicht sogar besser riechen können als alle bisher untersuchten Tiere. Warum wissen wir das nicht? Es kann ja wohl kaum daran liegen, dass Hunde das vor uns verheimlichen möchten, um weiterhin als Nasenstars zu gelten. Bräuchten wir vielleicht gar keine Spürhunde, die uns zu Geld und Drogen leiten und verlorene Gegenstände wiederfinden?

Es ist sehr aufwendig, systematische Geruchsuntersuchungen bei Tieren durchzuführen. Tiere können uns ja nicht mitteilen, was sie riechen. Um Gewissheit zu erlangen, muss man sie darauf dressieren, ein bestimmtes Molekül zu erkennen, was Jahre dauern kann. Die Ergebnisse der Studien sind verblüffend, denn im Vergleich zu allen anderen untersuchten Tierarten ist die Leistung von Menschen besser. Wir können mehr Moleküle in niedrigsten Konzentrationen riechen als Affen, Mäuse, Spitzmäuse, Ratten, Fledermäuse, Seeotter, Schweine, Igel und Kaninchen. Bei Hunden sind sich die Forscher noch nicht ganz sicher, da erst fünf Moleküle untersucht wurden, von denen drei für den Hund biologisch besonders bedeutsam sind. Jede Tierspezies hat ihre eigenen speziellen Moleküle, die besonders wichtig zum Überleben sind, weil sie Futter- und Gefahrenquellen anzeigen.

Beim Geruch haben wir uns schon oft einen Bären aufbinden lassen. Womöglich liegt das daran, dass wir nicht glauben können, ebenso nasengesteuert zu sein

Auch ein blinder Hund findet mal ein Korn.

»Die Kenntnis der Tiere ist eine Voraussetzung für die Selbsterkenntnis des Menschen.«
Bernhard Grzimek

wie Tiere. Indem wir das Riechen ausgeblendet haben, sind wir geruchsblind geworden. Im Gegensatz zu Tieren, die sich ganz auf ihre Nase konzentrieren können, sind wir durch unsere Augen und Ohren abgelenkt. Wir vertrauen diesen Sinnen mehr als unserer Nase. Oder nehmen Sie beim Betreten eines fremden Raumes erst einmal einen kräftigen Schnupperer? Nein, Sie blicken sich um – dabei können Ihre Augen lediglich erkennen, was jetzt gerade zu sehen ist. Keine Leiche. Die ist nämlich schon verstaut. Ihre Nase jedoch lässt sich von der scheinbaren Ordnung nicht hinters Licht führen und riecht die Leiche, wenn auch als Angst, die den Raum noch immer durchdringt. Sie merken, dass hier etwas nicht stimmt – aber wie erklären Sie Ihrer Freundin, dass Sie lieber ganz schnell raus wollen? »Von diesen moosgrünen Vorhängen kriege ich Kopfweh, komm lass uns mal ein bisschen frische Luft schnappen.«

Es muss kein Mord in diesem Zimmer stattgefunden haben, es riecht nicht nach Blut, aber vielleicht nach Aggression oder Depression. Manchmal sagen wir: »Da herrscht dicke Luft.« Wir nehmen sie genauso wahr wie Tiere, die im Wartezimmer der Tierarztpraxis zittern und Haare lassen – der Geruch verrät ihnen, dass Artgenossen hier Todesangst erlitten. Etwas Schreckliches muss geschehen sein, also nix wie weg.

Unseren Fluchtreflex aufgrund einer geruchlichen Information ummanteln wir mit Höflichkeit und erfinden Gründe, machen uns einen Reim darauf, der nichts mit der Realität in der Nase zu tun hat. Wir schnuppern auch nicht tiefer, was uns ebenfalls kaum weiterbringen würde. Stattdessen schauen wir uns die Sache mal genauer an. Wir stellen sie in den »Fokus«. Wir nehmen sie »in Augenschein«, halten sie »unter die Lupe«. Oder wir spitzen die Ohren, lauschen. Aber wir schnuppern nicht. Wir sind schließlich keine Hunde. Leider, denk ich manchmal.

Das Glück winkt mir
mit vier Pfoten …
… wenn ich lerne, mit
meiner Nase zu sehen.

Schütteln macht frei

Es gibt solche Tage. Nichts Besonderes ist vorgefallen. Ein grundlos grauer Tag. Es könnte besser sein, aber nicht viel, es könnte allerdings deutlich schlechter sein. Eigentlich ist alles im Lot. Ich weiß gar nicht, was fehlt, und das nervt zusätzlich, weil es mir doch so gut geht, nur spüre ich das gerade nicht. Vielleicht hab ich schlecht geträumt. In Bayern führt so etwas zu einem Grant.

Der Hund merkt, dass etwas ist. Er gehört nicht zu jenen, die dann meine Nähe suchen. Klug lässt er mich in meiner zähen Suppe köcheln und verzieht sich auf sein Ruhekissen Nummer drei hinter der Tür. Was mich noch grantiger macht, denn wäre es nicht die Pflicht eines treuen Hundes, mich aufzumuntern? Nein, alles muss man selbst machen. Und es ist schon wieder gleich dreizehn Uhr, die Dreizehndreißiger nähert sich dem Zielbahnhof, wir sollten mal rausgehen ...

Das Sauwetter, Regen und Wind und einfach nur scheußlich, bildet meine Laune nasskalt ab.

Wieso ist dem Hund das Wetter jetzt egal, wo er doch Regen nicht ausstehen kann? Hat der irgendwo einen Knopf für gute Laune?

Der Hund ist zufrieden mit dem, was ist, und das provoziert mich. Kann der nicht auch mal grantig sein? Muss man sich denn immer mit allem arrangieren?

Ich stolpere über einen Stein, falle fast in eine Pfütze. Der Hund kommt zu mir, kontrolliert, ob alles in Ordnung ist, schüttelt sich und läuft weiter. Ich rapple mich grummelnd auf, an so einem Tag sollte man zu Hause bleiben. Aber man hat ja einen Hund, und der ist schuld. An allem. Auch an den dicken Tropfen, die mir ins Genick rinnen. Und von wegen wasserdichte Schuhe, meine Füße sind längst feucht. Aber was will man an so einem Tag erwarten. Ich könnte mich darüber freuen, dass alles so gut zusammenpasst, nur bei wirklich guten Büchern ergänzen sich Stil und Inhalt. Doch das hier ist die Realität im Regen. Immerhin kann ich die nackten Tatsachen erkennen: Schriftstellerinnen lügen nicht! Es ist scheußlich draußen und Punkt!

Auf dem Rücken des Hundes entdecke ich einige Kletten. Die wachsen neben den Himbeeren, und auch jetzt, im November, gibt es noch welche. Ernten ist eine der Lieblingsbeschäftigungen des Hundes. Er stellt sich sogar auf die Hinterbeine und pflückt Zwetschen vom Baum. Die Steine spuckt er aus. Seit mir eine Tierärztin

»Alle Lebewesen außer dem Menschen wissen, dass der Hauptzweck des Lebens darin besteht, es zu genießen.«
Samuel Butler

versichert hat, dass Obst und Gemüse gesund für Hunde sind, lasse ich ihn gewähren, zähle jedoch hin und wieder die Steine.

»Komm mal her!«, rufe ich.

Als er da ist, zupfe ich die Kletten aus seinem Fell. Das mag er nicht. Er verspannt sich, lässt es aber geschehen.

»Fertig«, sage ich, und er schüttelt sich, läuft weiter mit fröhlich schwingender Rute.

Wie macht der Hund das?, frage ich mich. Bei dem Scheißwetter und quasi barfuß. Er bleibt stehen und dreht sich zu mir. Ich gehe in die Knie und nähere mich ihm mit schwingenden Armen im Monstergang. Er rast auf mich zu, schlägt kurz vor mir einen Haken, ich soll ihn fangen. Was noch nie gelungen ist. Aber es macht ihm einen Riesenspaß und mir normalerweise auch. Heute aber nicht. Nach drei Mal höre ich auf. Der Hund mustert mich kurz, dann schüttelt er sich und läuft weiter.

In der Ferne tauchen zwei Gestalten auf. Mensch mit Hund. Ich erkenne die Nachbarin, die mich nie grüßt, mit ihrem Hund, der nicht folgt. Was vermutlich der Grund dafür ist, warum sie mich nicht grüßt. Sie kann mich nicht ausstehen, weil ihr Hund all das aufführt, was unerzogene Hunde auszeichnet. Er zieht an der Leine, er kläfft, er springt hoch, er kommt nicht, wenn man ruft. Aber natürlich ist er genauso wie meiner der liebste und beste Hund der Welt.

Wie immer hält die Nachbarin Abstand, denn wenn

ihr Hund meinem zu nah kommt, dreht er völlig durch, wirft sich in die Leine, bellt, gebärdet sich wie ein Wahnsinniger. Miss Lomax zuckt nicht mal mit der Schulter. Sie lässt den Rüden abtropfen. Dennoch behält sie ihn auf dem Radar. Als wir in großem Abstand aneinander vorbei sind, schüttelt sie sich.

Ich biege auf einen kleinen Pfad ab, ein paar Zweiglein bleiben an meinem Unterarm hängen. Dem Hund passt der Pfad wie ein Maßanzug, er läuft durch einen bunten Tunnel und tritt auf einen Ast, der schnalzt hoch und versetzt ihm einen Klaps. Der Hund springt zur Seite, dann schüttelt er sich. Ich schüttle meinen Arm. Die Zweiglein fallen zu Boden. *Zweige, Fingerzeige* schießt es mir durch den Kopf.

»Hey, das ist genial!«, rufe ich dem Hund zu, der sofort zu mir rennt, so begeistert klingt meine Stimme. Ich klopfe ihm auf die Flanken, was er nicht besonders gut leiden kann. Er schüttelt sich. Lachend schüttle ich mich mit, diesmal mit dem ganzen Körper. Mit aufgeblasenen Backen töne ich dabei ein lautes Brrrrr. Meine Lippen flattern. Der Hund fasst das als Einladung zu einem Spielchen auf, rennt weg, kommt wieder, rennt weg. Ich verfolge ihn im Monstergang. Wir jagen uns gegenseitig den Pfad entlang, vor und zurück, und als er keine Lust mehr hat, schüttelt er sich wieder.

Was für eine grandiose Strategie! Und dass es so viele Jahre dauerte, bis ich sie erkennen konnte! Obwohl sich der Hund täglich gefühlte hundert Mal schüttelt. Näm-

Da liegt der Hund im Pfeffer.

lich jedes Mal, wenn eine Situation für ihn abgeschlossen ist, ob Spielen, Hundebegegnung, Streicheln – er schüttelt sich, und es geht weiter. Er trauert keiner Vergangenheit nach, bleibt in keiner Stimmung hängen, weil er sich freischüttelt. Von Hunderten von kleinen und großen Unannehmlichkeiten!

Und ich als Mensch? In meinem imaginären Fell schleppe ich nicht nur übellaunige Befindlichkeiten und aktuelle Begebenheiten mit mir rum, sondern auch meine Vergangenheit und was sonst noch geschah. Ich bin Tausende, wenn nicht Hunderttausende von Schütteleien im Rückstand! Ich müsste mich wahrscheinlich tagelang rundum inwendig und auswendig freischütteln!

Hör auf, dir das jetzt anzukreiden, sage ich mir und beschließe, diesen wunderbaren Weg zu Gelassenheit und Glück sofort in mein Leben zu integrieren. Danke, Hundling, in Zukunft schütteln wir uns gemeinsam. Ich glaube zwar nicht, dass ich mich jemals von dir freischütteln werde, wie du es so oft tust, wenn du genug hast vom Kraulen, Schmusen, Spielen. Aber ich kann jetzt auch achtsamer sein und dir nichts aufzwingen, was für dich abgeschlossen ist, auch wenn du gönnerhaft stets in die Verlängerung gehst und noch eine Runde erträgst. Weil du weißt, dass ich sie brauche.

Das Glück winkt mir
mit vier Pfoten …
… wenn ich alles
wegschüttele, was mein
Leben beschwert!

Aus!

»Nicht kaputt machen!« So ermahne ich den Hund manchmal, wenn er Anstalten macht, ein Spielzeug zu zerlegen. Am liebsten operiert er verschluckte Gegenstände aus Stofftieren heraus. Es scheint eine Marotte von Stofftieren zu sein, sich Pfeifen einzuverleiben. Die Dinger sehen aus wie kleine Gallenblasen. Beißt der Hund auf das Stofftier, quietscht es im Bauch. Es gibt Menschen, die finden das entsetzlich, weil das Geräusch an Todesschreie erinnere. Mich erinnert es an die Tochter meiner ehemaligen Nachbarin und ihre Blockflöte. Mein hilfsbereiter Hund möchte das Stofftier von seiner Gallenblase befreien, wozu er allerdings das falsche Besteck benutzt, nämlich seine Zähne. Er skalpiert nicht, sondern reißt – und dann haben wir den Salat beziehungsweise die Fetzen, weil mit dieser Methode auch Ohren, Arme und Beine ohne Not amputiert werden.

Dem Letzten wedeln die Hunde.

»Viele, die ihr ganzes Leben auf die Liebe verwendeten, können uns weniger über sie sagen als ein Kind, das gestern seinen Hund verloren hat.«
Thornton Wilder

Um die zehn Euro kostet so ein Stofftier. Manche überleben länger, manche kurz. Früher habe ich mir Sorgen gemacht, der Hund könnte die Gallenblase verschlucken und womöglich selbst zu einer Quietschente werden. Aber sie liegt stets auf dem Boden, wie eine Trophäe. Nervt ihn das Gequietsche? Kaum möglich, da es doch in seinen Lieblingsspielzeugen steckt.

Warum aber macht er sie kaputt? Denn dann sind sie ja weg. Oder weiß er das nicht?

Als Mensch weiß ich manchmal auch nicht, dass mein Verhalten etwas unwiederbringlich zerstört. Vertrauen zum Beispiel. Später ist man immer klüger. Erst eine Weile nachdem ich das mit dem Schütteln begriffen hatte, fiel auch hier der Groschen bei mir. Dieses scheinbare Zerstören ist in Wirklichkeit die größte Kunst, die ein Mensch in seinem Leben vollbringen kann: Loslassen.

Hergeben, was man am liebsten hat. Woran das Herz hängt. Und das Ganze noch selbstbestimmt. Nicht warten, bis es einem weggenommen wird. Sondern im vollen Bewusstsein vernichten. Und zwar alles, schonungslos. Die Schuhe des geliebten Herrchens, das Lieblingsspielzeug, das kuschelweiche Schaffell – alles nur Vorbereitungen auf das große Loslassen am Ende. Eines Tages beißen wir ins Gras. Man kann sich darauf vorbereiten, indem man Äste schreddert und fallen lässt. Nicht nur als Hund …

Das Glück winkt mir mit
vier Pfoten …
… wenn ich mir in jeder
glücklichen Sekunde
Seelenspeck anfuttere.

Gassi gehen

Ganz ehrlich: Auf die Idee, spazieren zu gehen, käme ich für mich allein nie. Vielleicht wurde ich als Kind zu oft gezwungen. Sonntags zwischen Mittagessen und Kaffeekuchen, stets derselbe Weg, lang, lang, langweilig.

Menschen, die ohne Hund spazieren gehen, sind mir suspekt. Warum soll ich zu Fuß raus, wenn ich keinen Hund dabeihabe? Was nicht heißt, dass ich ein Bewegungsmuffel bin. Ich liebe es, Rad zu fahren, zu schwimmen, zu joggen, Rollschuh zu laufen. Aber gehen? Geht gar nicht!

Doch ich bin ein verantwortungsbewusster Mensch und tue fleißig meine Pflicht und sage nie: Das kann ich nicht. Also wird spazieren gegangen auf Teufel komm raus. Und gelogen, dass sich die Balken biegen. Spazierengehen ist herrlich, sage ich. Spazierengehen ist gesund. Spazierengehen macht glücklich. Würde ich zugeben, dass ich es nicht ausstehen kann, bekäme mein Image eine Delle. Ehrlich gesagt würde ich lieber Rad fahren. Doch dabei hätte ich ein schlechtes Gewissen. Mein Hund mag es nicht. Es ist auch nicht gesund für Hunde, neben dem Rad zu laufen, höchstens wenn sie traben, und das ist meinem zu langweilig. Für ihn ist Radfahren wie Spazierengehen für mich.

Ich bin nicht nur Stubenhockerin, ich bin auch in einer Großstadt geboren, ohne Tante mit Bauernhof oder

Förster-Vater und Kräutersammel-Mutter und Pilz-Opa. Ich habe auf harten Betonböden in Straßenschluchten und Kellern gespielt und Mauerblümchen gepflückt. Vor meinen Spielplätzen standen Schilder: Hunde verboten. Es gab Parks und, ja, auch ein paar Wiesen. Aber wichtiger waren mir die Welten in den Büchern, die ich aus der Stadtbücherei nach Hause schleppte. Darin wuchsen jede Menge Natur und viele Tiere und Bäume, und ich erlebte zahlreiche Abenteuer mit den fünf Freunden. Wir zelteten und fürchteten uns im Wald und retteten Igel und fingen Verbrecher. Nein, ich habe nichts vermisst. Beziehungsweise, ich habe erst gemerkt, dass es da eine Lücke gab, als mein erster Hund bei mir einzog. Ich bin ihm klugerweise gefolgt, und er hat mich dorthin geführt, wo ich als Mensch hingehöre: in die Natur.

Damit hat er mir vielleicht eine Menge Stress erspart: Die Entfremdung von der Natur, die wir im Moment erleben, wird auch mit psychischen Erkrankungen in Ver-

Alle Wege führen zum Hund.

bindung gebracht. Wer mit der Natur in Einklang lebt, ist zufriedener und beugt Depressionen vor. Wahrscheinlich habe ich es nötig. Denn ich bin ja auch bloß, was heißt hier *bloß*, ein Tier – wie mein Hund. Nach biologischer Systematik sind wir eine Art der Gattung Homo aus der Familie der Menschenaffen, die zur Ordnung der Primaten, also zu den höheren Säugetieren gehört. Als sogenannte Trockennasenaffen – im Gegensatz zu den Feuchtnasenprimaten – bilden wir die bislang letzte Stufe der Evolution. Und stecken unsere Nasen in Gebiete, in denen wir eigentlich nichts zu suchen haben. Manchmal verreise ich ein paar Tage ohne Hund. Ich freue mich jedes Mal, weil ich nicht Gassi gehen muss. Und was passiert? Meine Beine fangen an zu zucken. Die sind quasi zu einem Hund geworden, wollen einfach mal los, es ist eine Geh-Wohnheit, und man weiß ja, wie schwer die abzustellen ist. Womöglich sind all die Spaziergänger, die es allein über Stock und Stein und durch Stadtparks treibt, ehemalige Hundemenschen, deren Beine Gassi gehen und sich erinnern.

»Der Wunsch, ein Tier zu halten, entspricht meist dem uralten Grundmotiv – nämlich der Sehnsucht des Kulturmenschen nach dem verlorenen Paradies.«
Konrad Lorenz

Ich erkenne sie sofort. Sie schauen meinen Hund an, und dann lächeln sie dieses ganz besondere Lächeln, das auf den ersten Blick meinem Hund gilt, doch auf den zweiten gilt es einem anderen, der nicht mehr auf Erden weilt. Manche müssen meinen Hund unbedingt kurz berühren, als würden sie ihrem lieben Verstorbenen damit einen Gruß senden. Andere sagen knapp: »Ich hatte auch mal einen Hund.« Sie brauchen gar nicht weiterzusprechen. Ich lese die Geschichte von ihren Augen ab und von ihren streichelnden Händen. Manchmal habe ich Angst, dass ich auch einmal so werde. Zwar kann ich mir im Moment nicht vorstellen, ohne Hund zu sein … doch das Leben hat ja manchmal andere Pläne als man selbst. Oder der Abschied hat so wehgetan, dass man glaubt, so etwas kein zweites Mal ertragen zu können. Wie Sir Walter Scott vermutete: »Ich habe des Öfteren darüber nachgedacht, warum Hunde ein derart kurzes Leben haben, und bin zu dem Schluss gekommen, dass dies aus Mitleid mit der menschlichen Rasse geschieht; denn da wir bereits derart leiden, wenn wir einen Hund nach zehn oder zwölf Jahren verlieren, wie groß wäre der Schmerz, wenn sie doppelt so lange lebten?«

Das Glück winkt mir
mit vier Pfoten …
… solange mich meine
Beine tragen.

Wenn der Postmann dreimal kneift

Zum wiederholten Mal kam Post nicht bei mir an. Obwohl ich zu Hause war, hieß es, ich sei nicht dort gewesen. Nun bin ich zwar oft woanders als da, wo sich mein Körper aufhält, aber grundsätzlich wäre ich dazu in der Lage gewesen, ein Kuvert in Empfang zu nehmen.

Ich legte mich auf die Lauer. Wie immer pünktlich zwischen zehn und zwölf fuhr der gelbe Wagen der Post vor. Ein mir unbekannter Mann stieg aus, die Postboten wechselten bei uns ständig. Mit einem Kuvert in der Hand näherte er sich meinem Haus. Nein, er pirschte sich heran in einem merkwürdig geduckten Gang. Was hatte er vor? Das fragte sich auch mein Hund, der aus dem Garten geschossen kam, zum Zaun raste und mit gesträubtem Fell vor dem geöffneten Tor Stellung bezog. Da hatte der Postbote bereits den Rückzug angetreten, war in sein Auto gesprungen und schneller weg, als ich zur Straße laufen konnte.

»Ihr Postbote hat keine Eier«, kommentierte der Kaminkehrer, der meinen Hund mochte, weil er schwarz war. Und dann erzählte er mir, dass man bei kastrierten Hunden Silikoneier einsetzen lassen könnte. Das hatte er gestern im Fernsehen gesehen. »Machen immer mehr Leute.«

»Und wozu?«

Wer in der Hundehütte sitzt, soll nicht mit Steinen werfen.

»Na, wollen Sie einen Hund ohne Eier?«

»Ich hab einen«, wies ich auf meine Hündin.

»Aber die ist schwarz.«

Ich nickte, als würde ich die Logik verstehen. Vielleicht war es auch nur schwarzer Humor. Der Kaminkehrer stieg aufs Dach, den Hund kümmerte das nicht. Etwas an der Art, wie der Mann sich bewegte, stellte ihm einen Passierschein im Revier des Hundes aus. Ich glaube nicht, dass es an seiner Hautfarbe lag, wenngleich mein Hund in einem bayerischen Haushalt lebt. Tatsache ist, dass wir Deutschen unsere Reviere, die wir sehr gern ausdehnen, im Auge behalten. Wir markieren nicht mittels Urin, sondern mit Handtüchern auf Liegestühlen, Jacken über Stuhllehnen und so weiter. Vielleicht würden Hunde darin ein Anzeichen von Siliconeiern wittern? Besetzer mit echten Eiern würden ihre Plätze selbst beanspruchen, anstatt Strohmatten auszulegen.

Auch meine Nachbarin wendet Silikon an, allerdings fantasiebegabt. Anstatt auf falsche Brüste, falsche Lippen, falsche Haare setzt sie auf falsche Hunde. In dem Napf, der an ihrem Gartenzaun steht, könnte bequem ein Säugling gebadet werden. An ihrer Eingangstür hängt eine dicke Lederleine, mit der man auch Stiere zügeln könnte. Am Gartenzaun ist ein Schild befestigt: Hier wache ich. Der Schäferhund, der das verkündet, sieht nicht so aus, als würde er lange fackeln, ehe er Hackfleisch aus unbefugten Betretern des Grundstücks macht. Er ist wahrscheinlich die Albtraumgestalt meiner Nachbarin – und sie hofft, dass das bei anderen genauso ist.

An meiner Tür hängt kein Schild, und das Gartentor ist meistens offen. Mein Hund könnte jederzeit spazieren gehen. Was nicht nur für den Postboten deutlich abschreckender wirkt, als wäre das Tor geschlossen. So ein Zaun hat ja immer zwei Seiten. Der wildeste Hund hinter dem Zaun kann ohne diesen Schutz ein Lämmchen sein. Hilfe, die Tür ist offen! Hilfe, da kann jemand reinkommen und mich beißen!

»Es tut mir leid«, sage ich am nächsten Vormittag zu meinem Hund. »Wir machen das Tor jetzt zu, bis das gelbe Auto weg ist.« So ein Blödsinn, denke ich. Wieso sage ich *wir?* Ich allein mache das Tor zu! Und wieso sage ich *gelbes Auto,* als würde Miss Lomax das besser verstehen als *Postbote.* Zumal Postboten ja auch im Hundezubehörhandel ein Thema sind, nämlich auf

Schildern mit Strichliste, wie viele Postboten dieser Hund hinter diesem Zaun bereits vertilgt hat.

Früher prangten an zahlreichen Gartenzäunen Schilder mit Warnungen vor bissigen Hunden. Was für eine Zeit das war, denke ich mir, als bissige Hunde als normal galten. Heute sind die meisten Schilder humorvoll formuliert – zumindest kommen sie so bei Menschen an, die nicht an Hundeangst leiden und am Missverhältnis zwischen süßen Hundebildern und scharfen Formulierungen Freude haben.

Hallo, lieber Einbrecher! Ich freue mich auf deine Organspende.

Vorsicht!
Mein Haus. Mein Garten. Meine Familie.

Du siehst mich nicht. Du hörst mich nicht. Aber glaub mir: Ich bin da!

Vorsicht! Freilaufender Hund. Ich bin in 4 Sekunden am Tor. Und du?

Welchen Teil von grrrrrrrrroßer Hund verstehst du nicht?

Wenn Hund kommt, flach auf den Boden legen und auf Hilfe warten. Wenn keine Hilfe kommt: viel Glück.

Es gibt aber auch klare Ansagen:

Dieses Haus ist das Heim unseres Hundes. Besucher kommen erst an zweiter Stelle. Wenn Sie Hunde mögen, werden Sie das verstehen. Falls nicht: Was tun Sie dann hier?

Und manchmal sprechen die Hunde:

Willkommen bei mir zu Hause. Hier gelten meine Regeln. Pfotenabdrücke und Schlabberer gehören zur Begrüßung. Wenn dich Hundehaar stört, ist das kein guter Ort für dich!

Mein Lieblingsschild erschließt sich für viele erst auf den zweiten Blick:

Warnung vor dem bisschen Hund.

Es ist nicht wichtig, in welcher Reihenfolge die Buchstaben eines Wortes angeordnet sind, damit wir es erkennen können. Es kommt einzig und allein darauf an, dass der erste und der letzte Buchstabe an der richtigen Position stehen, denn wir lesen nicht jeden Buchstaben einzeln, sondern erkennen Wörter im Ganzen. Buchstaben benötigen mehr Achtsamkeit als Wörter. Das wissen auch Hunde, denn sie horchen ja auf den Klang.

»Ist Ihnen schon mal aufgefallen, dass in Wiegeliedern oft der Buchstabe L vorkommt?«, fragte mich einmal eine Logopädin. Und sie erklärte mir auch gleich, warum: »Beim L liegt die Zunge am Gaumen, und dort befindet sich ein Entspannungspunkt.«

L also. Meine Buchheldinnen heißen oft mit L, wie die Labradore Luna und Lomax. Und Lassie!

Könnte es sein, dass mein Unterbewusstsein hinter meinem Rücken mit dem Alphabet kommuniziert? Und – wusste ich das nicht irgendwie schon immer: Jedes Wort hat eine Aura. Manche Wörter empfinde ich als warm, andere als kalt, es gibt welche, die mag ich, und andere meide ich – und das hat oft nichts mit dem Inhalt zu tun, sondern allein mit dem Klang. Für mich als Schriftstellerin sind Wörter Geschöpfe, und sie bestehen aus klitzekleinen Organismen: den Buchstaben.

Ein »i« verbreitet gute Laune, es kommt in vielen positiven und auch witzigen Wörtern vor. Zusammen mit seinem Kumpel »e« auch in schönen wie »Liebe« und »Paradies« oder »Frieden«.

Aber ob ein Schild *Ei, ei, ein Hund!* den Postboten zu einem Lächeln bewegen könnte? Ich glaube schon – wenn es am geschlossenen Tor befestigt ist. Gewiss ist das im Sinne meines Hundes. Dem schmecken Postboten nämlich nicht, und als Hund ist er friedliebend und legt Wert auf eine gute Stimmung. Er muss niemandem Angst machen, um sich gut zu fühlen, wie vielleicht manche Silikoneierherrchen und -frauchen. Ich glaube, dass die Füllung dieser Attrappen aus verschiedenen Angstmachern besteht, zum Beispiel Schockolade und Marzipanik.

Das Glück winkt mir
mit vier Pfoten …
… solange ich nichts
Böses im Schilde führe.

Rutenplaner

Viele Postboten stempeln Hunde prinzipiell als gefährlich ab, ohne sich um Ausnahmen zu kümmern. Doch eines wissen sie: Wenn ein Hund wedelt, bedeutet das keineswegs, dass er gut gelaunt ist – ähnlich wie bei unserem Lächeln, das ängstlich, verlegen, unsicher, falsch, gezwungen und vieles mehr sein kann. Doch im Großen und Ganzen wird freundlich gewedelt. Extra für uns grobmotorische Zweibeiner haben sich Hunde diese Geste angewöhnt und einen hohen Preis dafür bezahlt. Katzen, die ohnehin recht eigenbrötlerisch sind, haben ihnen das bis heute nicht verziehen und wollen auch nichts davon wissen, dass das Wedeln keinen Angriff einleitet. Aus Hundesicht ist das Bekenntnis zum Menschen verständlich – Katzen öffnen keine Dosen, sondern Mäuse.
Der Rutenplaner der Hunde soll uns die Kommunikation erleichtern – so wie die leichte Sprache, in der immer mehr Texte auch im Internet verfasst sind. Großräumig

Es ist nicht alles Hund, was wedelt.

»Mit einem kurzen Schwanzwedeln kann ein Hund mehr Gefühle ausdrücken als mancher Mensch mit stundenlangem Gerede.«
Louis Armstrong

und schwungvoll setzen Hunde ihre Ruten ein. Manche Zweibeiner können die Hundeprosa sogar flüssig lesen. Die Lyrik hingegen wird erst allmählich von der Wissenschaft rezipiert, und dabei werden viele Botschaften, als wären sie mit unsichtbarer Tinte geschrieben, zwischen den Zeilen deutlich. Es macht beispielsweise einen Unterschied, ob Hunde mehr nach links oder rechts wedeln. Damit kommunizieren sie, ob sie einen Reiz positiv oder negativ interpretieren. Vermutlich ist rechts die entspanntere Richtung – doch es wird von Hund zu Hund immer Ausnahmen geben, wie auch bei uns Menschen: Manche blicken, wenn sie sich an etwas erinnern, nach rechts oben, andere nach links oben.
Der Grund für die Zweiseitigkeit liegt – wie bei allen Wirbeltieren – in der Aufgabenteilung der beiden Gehirnhälften. Auch Gerüche nehmen Hunde unterschiedlich wahr. Neue und aufregende wie eine Duftprobe mit Adrenalin oder den Schweißgeruch eines fremden Tierarztes bevorzugt mit dem rechten Nasenflügel. Bekannte Gerüche werden vermehrt links goutiert. Solche Feinheiten können wir selbst bei genauer Beobachtung nicht

wahrnehmen, sehr wohl aber, ob ein Hund rechts- oder linkspfötig ist. Dazu wird dem Probanden ein mit Futter gefüllter Kong gereicht. Welche Pfote setzt er bevorzugt ein beim Versuch, an das Futter zu gelangen? Ist er Rechts- oder Linkspföter? Egal, wozu er tendiert: Es ist gut so. Kein Hund würde auf die Idee kommen, seine Welpen umzuerziehen – wie wir Zweibeiner es früher mit Linkshändern praktizierten. Links- oder Rechtspfötigkeit ist angeboren und dadurch bedingt, dass entweder die linke oder rechte Gehirnhälfte aktiver ist.

Nun habe ich ja schon so manche Eigenart der Hunde zur Nachahmung empfohlen. Was das Wedeln betrifft, könnte man meinen, dass Frauchen in diesem Teilstück draußen bleiben müssen. Doch weit gefehlt! Auch Hunde wedeln manchmal schier mit dem ganzen Körper oder mindestens dem Hinterteil. Und das ist, auf Menschen übertragen: Bauchtanz! Sehr zu empfehlen für gute Laune, wirkt sofort, und es ist völlig egal, ob der Po links oder rechts herum schüttelt. Wedeln wirkt Wunder!

Das Glück winkt mir mit vier Pfoten …
… wenn ich wie mein Hund mit den Hüften wackle.

Haltung zeigen

Das junge Gras riecht so verlockend, dass ich es bedauere, keine Kuh zu sein. Wie gut müsste das schmecken! Auch mein Hund äst. Wenigstens setzen kann ich mich. Der Hund wälzt sich, bleibt einige Sekunden genüsslich auf dem Rücken liegen, als beobachte er die Schäfchen am Himmel. Ob ich noch einen Kopfstand kann? Lang nicht mehr probiert, hier würde ich weich fallen.

Ich bereite mich vor, hebe die angewinkelten Beine, leichtes Zittern im Rumpf … ein großes Glücksgefühl durchströmt mich, als ich kopfüber auf der Wiese stehe. Rechts am Bildrand ein Mann am Ufer, der mich fotografiert. Ich verliere die Balance und knicke ein.

»Das sollte ich regelmäßig üben«, teile ich Miss Lomax mit. In Gesellschaft eines Hundes führt man ja nie Selbstgespräche. »Und wenn der Kerl nicht gewesen wäre, hätte ich es viel länger geschafft«, fahre ich fort.

Als wir uns dem Uferweg nähern, überlege ich kurz, ob ich den Mann auf das Foto ansprechen sollte. Doch in der Annäherung wird er immer größer und jünger. Aus der Ferne und im Kopfstand habe ich ihn für einen Enten fütternden Senior gehalten. Nun entpuppt er sich eher als Eisen stemmender Bodybuilder. Eigentlich wollte ich rechts um den See gehen, doch nun schlage ich den Weg nach links ein, was egal ist, mich aber trotzdem stört.

In der Ferne taucht ein Hund auf, und Miss Lomax macht den Karton. So nenne ich es, wenn sie ihr Fell sträubt, sie wird dann regelrecht viereckig, kantig, vergrößert ihren Umfang und wirkt durchaus Furcht einflößend. Was auch der Dalmatiner findet, der einen großen Bogen um sie macht. Kurz darauf läuft eine Joggerin auf uns zu, drosselt ihr Tempo, als sie den Hund entdeckt. So etwas tut mir immer leid. Sie befürchtet, der Hund würde sie anspringen oder beißen, wenn sie an uns verbeiläuft, deshalb lässt sie ihren Trainingsrhythmus sausen.

Mein Hund interessiert sich nicht für Jogger, doch das weiß sie natürlich nicht. Sehr wohl interessiert sich mein Hund aber für Menschen, die sich merkwürdig benehmen, also Jogger, die ohne Grund verlangsamen. Geht's dir nicht gut? Hast du Kummer? Kann ich dir helfen? Oder: Was führt die im Schilde? Und es könnte gut sein, dass er mal näher kommt und nachsieht. So

Ein Hund ist die beste Verteidigung.

bestätigen sich Vorurteile. Aus diesem Grund habe ich Miss Lomax beigebracht, bei Begegnungen mit Joggern automatisch in die Grundstellung zu wechseln, ins »Fuß«. Im Vorübergehen schickt mir die Frau einen dankbaren Blick.

Bald kommt der Nächste. Diesmal ein Jogger. Er bleibt abrupt stehen. »Na du. Was bist du denn für ein Kerlchen?« Seine Stimme passt nicht zu den Muskelsträngen, baumelt nur noch an einer faserigen Sehne und klingt atemlos. Er versucht meinen Hund gnädig zu stimmen, damit er ihn nicht zerfleischt. So wie ich schneeballwerfenden Jungs etwas Nettes zurufe, damit sie mich nicht beschießen. So wie auch ich früher bei Begegnungen mit Boxern (da hatte ich mal ein traumatisches Erlebnis) an ihr Gewissen appellierte. ***Ich bin lieb zu dir, ich tu dir nichts, du tust mir auch nichts, okay?*** Um die unbedingte Gültigkeit dieser Vereinbarung zu unterstreichen, behandelte ich die Boxer wie moralisch-ethisch hoch entwickelte Wesen, die hoffentlich in der Lage wären, meine vielen Suggestivfragen, die ich ihnen besänftigend ums Maul schmierte, wohlgesinnt zu bestätigen: »Du bist ein ganz ein Lieber, gell. Du willst ja nur mal schnuppern. Nein, ich hab leider nichts zu fressen für dich. Du bist ein ganz ein Braver, gell.«

Allein meine Tonlage, die mir selbst unangenehmst auffiel, diese gewisse Atemlosigkeit und das hörbare Herzklopfen in der Stimme straften meine Besänftigungsversuche Lügen. Natürlich gab es was zu fressen. Mich nämlich. Und natürlich verstanden die meisten

Hundebesitzer und -besitzerinnen das nicht, wo ihre Begleiter doch soooooooo lieb waren. ***Mei Hündla dud doch keiner Seele was zuleide. Des is a Vegedaria.*** Dass ich anderer Meinung war, traute ich mich nicht zu äußern. Ein Hund ist eine Waffe, und wenn ich jetzt was sage, dann entsichert Herrli sie und drückt ab. Fass!

Der Jogger tut mir aufrichtig leid. Eben noch gut durchblutet, erinnert sein Gesicht nun an einen Mozzarella. Ich halte mich nicht mit langen Vorreden auf: »Am besten, Sie spielen Karton. Damit fühlen Sie sich bestimmt besser.«

Er weicht zurück, Panik im Blick. Als würde die Bestie nicht genügen, hat er es nun auch noch mit einer durchgeknallten Dompteurin zu tun?

»Machen Sie sich groß statt klein«, empfehle ich, was aber nicht dazu beiträgt, dass er sich entspannt. »Mit Ihrem Verhalten machen Sie sich verdächtig«, versuche ich zu erklären. »Laufen Sie einfach weiter. Mein Hund interessiert sich nicht für Sie. Aber wenn Sie stehen bleiben und ihn ansprechen, was soll er denn da anderes machen, als zu Ihnen zu kommen und sich zu erkundigen, wer da so nett nach seinem Befinden fragt? Womit er dann genau das tut, was Sie auf keinen Fall wollen.«

»Kann ich jetzt passieren?«, fragt der Jogger. Er hat nicht gehört, was ich gesagt habe, er hat nur und ausschließlich und alles verschlingend Angst.

»Natürlich«, sage ich. Mein Hund klebt brav an meinem Schenkel, der Jogger läuft langsam an uns vorbei,

»Der Hund ist die Tugend,
die sich nicht zum Menschen
machen konnte und dabei
zum Tier wurde.«
Victor Hugo

dann gibt er Gas, als würden wir eine Handgranate zünden.

»Entschuldigung!«, rufe ich ihm nach, weil er mir so leidtut. Aber eigentlich weiß ich gar nicht, wofür ich mich entschuldigen soll. Vielleicht für andere Hunde, die ihm nachgerannt sind, das kann nie schaden.

Angst ist ein schlechter Ratgeber, und wer sich klein macht, fühlt sich mies. Wer Angst hat, hat fast schon verloren, das ist bekannt, und deshalb versuchen wir die Angst zu überspielen. Meistens mit Nettigkeit. Im Grunde benehmen wir uns wie Hunde, die sich unterwürfig auf den Rücken schmeißen und ihre Kehle darbieten. Wenn der Panikknopf gedrückt ist, reagieren wir automatisch. Man kann trainieren, dieses Reiz-Reaktions-Muster zu durchbrechen. Oder pokern und bluffen.

Als der Bodybuilder, der rechts um den See lief, am Horizont auftaucht, strecke ich mich. Mein Fell sträubt sich, ich mache einen Riesenkarton, mindestens Gefriertruhe, und laufe frontal auf ihn zu, randvoll mit tiefgefrorenen Keulen. High Noon. Ohne ihn aus den

Augen zu lassen, schlage ich meine Rockschöße zurück und lege die Colts frei. Klick, entsichert. »Haben Sie mich vorhin fotografiert?«, frage ich.

»Wie?«

»Auf der Wiese, im Kopfstand«, helfe ich ihm auf die Sprünge.

»Ach, Sie waren das.«

»Ich mag es nicht, fotografiert zu werden, ohne meine Einwilligung gegeben zu haben.«

»Aber ich hab ja gar nicht Sie fotografiert, sondern den Kopfstand. Das sah super aus mit dem Baum im Hintergrund.«

»Sie haben mich also als Objekt gesehen.«

»Nein, nur den Kopfstand.«

»Also das Objekt. Ich bin aber ein Subjekt.«

»Das ist subjektiv.«

»Nein, objektiv.«

»Ich habe nicht gezoomt … Also das ist doch … lächerlich.«

Ich gehe einen Schritt näher. Die Colts blitzen in der Sonne. Miss Lomax klebt an meinem linken Schenkel. Sie mischt sich nicht ein. Das ist mein Duell, dennoch lässt sie kurz ihr Messersortiment aufblitzen.

Der Bodybuilder hebt die Hände wie ein Priester zum Segen. »Okay, okay. Dann lösche ich das Bild eben«, wirft er sich auf den Rücken, wischt dann an seinem Handy herum.

»Ich möchte einfach vorher gefragt werden«, erkläre ich die Spielregeln.

»Ist schon weg«, meldet er und fügt hinzu: »War eh kein gutes Bild.«

Ich gehe weiter und bin vollkommen einverstanden mit dem Bild, das ich abgebe. Dann schüttele ich mich, mein Fell glättet sich. Der Karton verschwindet. Es fühlt sich gut an, der Angst ins Auge zu sehen. Dann fällt sie nämlich zusammen wie ein Michelinmännchen, dem die Luft abgelassen wurde.

Mein Hund kommentiert das nicht. Er könnte mich allerdings darauf aufmerksam machen, dass er an dem Respekt, der mir gezollt wird, beteiligt ist. Hunde werden vielerorts wie Waffen behandelt. Ich würde lügen, wenn ich davon nicht profitieren würde. Gerade ein schwarzer Hund hält viele Menschen auf Abstand, auch wenn er Schlappohren hat und lieb aussieht. Wer weiß, wozu er imstande wäre, wenn man seinem Frauchen zu nahe käme.

Frauchen gesteht an dieser Stelle, dass sie draußen niemals mulmige Gefühle hat. Nicht im einsamsten Wald, der trotz seines schlechten Rufs zu den sichersten Orten zählt, und auch nicht in den dunkelsten Ecken belebter Großstädte. Manchmal denke ich mir, ich habe zu viele Krimis gesehen. Die Tatorte haben nichts mit der Realität der Kriminalstatistik zu tun. Schon eher die Herrchen und Frauchen, die beim Spazierengehen über eine Leiche stolpern. Aber dann ist die Gefahr ja schon kalt.

Als ich dieses Gefühl der Sicherheit zum ersten Mal im Leben bewusst wahrnahm, war ich mit einem Junghund unterwegs, der nur Flausen im Kopf hatte und mich gewiss nicht beschützt hätte. Dennoch ertappte ich mich dabei, einen Trampelpfad entlangzulaufen, den ich ohne Hund gemieden hätte. Er führte mich zu einem Weiher – keine Menschenseele und kein Bikini. Aber ich hatte ja den Hund bei mir. Ich badete nackt, was ich ohne Hund niemals getan hätte. Als ich in der Sonne trocknete, bellte er plötzlich aufgeregt mit seinem hohen, peinlich panischen Stimmchen. Wir waren in der Toskana, wo ich schon einige Male allein herumstreifenden Männer getroffen habe, die ihr Brot mutmaßlich am Fließband verdienen und auch in ihrer Freizeit nicht ablassen können von monotonen Handbewegungen. Wegen diesen Begegnungen wäre ich allein niemals dem Trampelpfad gefolgt. Der an seiner Leibesmitte herumfuhrwerkende Mann kam durch das Bellen des Hundes aus dem Takt, begriff, dass er nicht am Fließband stand, sondern im Wald, und suchte, gewiss beschämt, das Weite. Was er, davon war ich überzeugt, ohne den Hund an meiner Seite nicht getan hätte.

Das Glück winkt mir
mit vier Pfoten …
… wenn ich mich nicht
fürchte.

Dosenöffner

Auf der Suche nach einem originellen Hundenamen machte meine Freundin Corinna einen verhängnisvollen Fehler, aber das konnte sie damals nicht wissen. Damals, das war, als sie in Italien, auf einem Rastplatz in der Nähe des Monte di Mezzocorona, einen angebundenen Welpen fand. Es war Liebe auf den ersten Blick – und die Kleine sollte einen italienischen Namen erhalten. Monte? Klang nicht gut. Mezzo? Wie ein Colamixgetränk. Aber Corona, das war schön – und passt es nicht wunderbar: Corinna und Corona.

Nach fünf Jahren, in denen die beiden immer inniger zusammenwuchsen, war Corona plötzlich in aller Munde und ganz anders. »Ich zucke innerlich jedes Mal zusammen. Ich glaube, ich muss den Hund umbenennen. Das ist doch energetisch auch fürchterlich, mit der Coronakrise in Verbindung gebracht zu werden.«

»Für dich und mich vielleicht«, entgegnete ich. »Der Hund hat keine Ahnung.«

»Der spürt das doch.«

Da hatte sie natürlich auch wieder recht.

Corona wurde in Lona umgetauft und akzeptierte ihren neuen Namen sofort.

»Gut, dass ich das gemacht habe«, sagte Corinna. »Jetzt geht es mir besser.«

Lona ist es nie schlecht gegangen, dachte ich, auch nicht als Corona, oder höchstens, wenn sie spürte, dass ihr Frauchen bedrückt war. Ja, obwohl Lona Tag für Tag viele Stunden täglich Nachrichten sah und hörte, drangen sie nicht in sie ein wie in Corinna, die wegen ihrer hochbetagten Eltern höchst beunruhigt war. Sie schaute so viele Nachrichten und Sondersendungen, dass ihre Haut immer dünner wurde. Und auf einmal war das Virus in sie hineingeschlüpft. Sie hatte keine Symptome, nur Angst. Und die vermehrte sich rasend. Was Lona merkte und deshalb unsicher wurde. Was Corinna merkte und sich deshalb um den Hund sorgte. Dabei war der doch immun gegen das Virus. Ja, das war er. Alle Hunde sind immun gegen Nachrichten.
Ich habe schlecht geschlafen, nachdem ich gestern viel zu viele Nachrichten gesehen und gehört habe, immer das Gleiche. Es gibt noch keine neuen Informationen, nur die altbekannten, und weil die so niederschmetternd sind, bin ich drangeblieben und habe auf ein gutes Ende gewartet. Das nicht kam und auch noch lange auf sich warten lassen wird. Eine Lähmung hat sich auf

Danach kräht kein Hund.

die Welt gesenkt. Es betrifft uns alle; die einen merken es mehr als die anderen, und wieder andere horten Klopapier. Trotzdem: Wenn es keine Nachrichten gäbe, wüsste ich gar nicht, dass wir eine Krise haben.

Der Hund hat keine Ahnung von der Krise. Kennt mein Hund so etwas überhaupt? Ich würde behaupten, er lebt krisenfest. Aber das gilt nur, solange ich selbst krisenfest bin. Ich bin die Tagesschau, der Newsticker und die Börse meines Hundes. Wenn ich wanke, betrifft das auch ihn, zumindest vorübergehend. Bis er sich schüttelt und weitertrabt auf seinen Pfaden. Er kommt auch ohne fließendes Wasser aus der Leitung und Vorräte im Keller durch. Aber das muss er ja nicht, denke ich. Ich bin doch da, und ich bin froh, dass er auch da ist.

Der Hund liegt zusammengerollt auf seinem Schaffell. Nur ein Auge öffnet er, sonst bewegt sich nichts. Von unten schaut er mich an. Meine Hand schon am Radio, überlege ich es mir anders. Ich habe die Nachrichten von gestern noch nicht verdaut, da brauche ich keinen Nachschlag. Und was würde es ändern an meiner jetzigen Situation, morgens um 6.58 Uhr in der Küche mit einem Schlaf vortäuschenden Hund auf dem Schaffell? Ich kann die Nachrichten auch um acht oder neun anhören. Oder meine eigenen verbreiten: Guten Morgen. Beim Gongschlag ist es sieben Uhr. Seefeld. In der Nacht hat es heftig geregnet, was die Natur erquickt und die Luft erfrischt hat. In den nächsten Minuten beginnt die

»Ein Hund hat die Seele eines Philosophen.«
Plato

Konferenz der Kaffeemaschine, die mit großer Spannung erwartet wird. Was die Versorgung der Bevölkerung betrifft, gibt es keine Engpässe, die Regale sind aufgefüllt, allein an Toilettenpapier mangelt es, doch das dürfte für Vierbeiner kein Grund zur Besorgnis sein.

Das zweite Auge öffnet sich. Einen Moment scheint der Hund zu überlegen, ob er mir glaubt. Dann führt er all das auf, was bei mir vorhin nicht geklappt hat. Er dehnt sich und streckt sich und gähnt und schüttelt sich.

»Schön, dass du da bist«, sage ich und beende meinen Nachrichtenüberblick mit dem Wetter: »Bedeckt mit sonnigen Abschnitten.« Und übersetze ins Hundliche: »Der neue Tag flattert wie ein frisch gewälztes Wäschestück an der Leine, die du mir jetzt bringst, okay?«

Nach dem Kaffee gehen wir raus, um den Wahrheitsgehalt der Nachrichten zu überprüfen. Wir entdecken ein paar Fake News, aber auch solide Recherche. Auf der Fährte eines Odelwagens stinkt es zum Himmel.

Manchmal in diesen wilden Zeiten habe ich mir gewünscht, ich könnte, so wie mein Hund, nichts davon wissen, wie es um die Welt bestellt ist. Mich einfach am Dasein freuen, das auch ohne fünfhundert Klopapierrollen in Reserve lebenswert ist. Denn egal, ob ich die neuesten Meldungen google oder nicht: Der Himmel ist blau. Bloß sehe ich das nicht mehr, wenn ich die Nachrichten lese.

Aber so zu tun, als wär nichts, ist auch keine Lösung. Nur weil ich ein Zweibeiner bin, heißt das nicht, dass ich das alles verstehe. Im Grunde genommen verstehe ich es genauso wenig wie der Hund. Nur eines weiß ich: Alles ist miteinander verbunden, und was ich aufnehme, gebe ich weiter. Und woran ich glaube, das ist in meiner Welt wahr.

Ich bin eine Fachkraft für Dosen. Täglich öffne ich eine. Also müsste ich doch auch eine gewisse Erfahrung mit der richtigen Dosis haben. Mein Hund ist mein Korrektor. Wenn ich mir einen Überblick verschafft habe, schaue ich weg vom Bildschirm zu ihm, schalte den Lautsprecher ab und konzentriere mich auf die Geräusche draußen. Immer ist irgendwas zu hören. Jetzt gerade sehr viele Vogelstimmen. Da fallen mir die Italiener ein, die während ihrer Quarantäne Balkonkonzerte gegeben haben, und der Himmel ist blau, und ich weiß, dass wir alle miteinander es schaffen können, wenn wir hin und wieder die Perspektive des Hundes einnehmen und sehen, was wirklich ist. Was jetzt ist.

Oft schon habe ich die folgenden Zeilen gelesen:

Gott, gib mir die Gelassenheit, Dinge hinzunehmen, die ich nicht ändern kann, den Mut, Dinge zu ändern, die ich ändern kann, und die Weisheit, das eine vom anderen zu unterscheiden.

Auch so etwas kann man googeln, und es wirkt. Ein Duft von Gelassenheit steigt auf mit einer Brise Mut, dieses Zitat zu schreiben, obwohl der Urheber im Faktencheck nicht klar bestimmt werden kann. Oder doch? In jedem Dog steckt ein God.

Das Glück winkt mir
mit vier Pfoten …
… wenn ich erkenne,
*was **jetzt** wichtig ist.*

Spieglein, Spieglein an der Wand, jeder ist der schönste Hund im Land

Es hat Vorteile, wenn man in keinen Spiegel schaut. Auch Narziss hätte besser daran getan, es bleiben zu lassen. Aber er fand sich wenigstens schön, während viele Zweibeiner vermutlich gern reklamieren würden. Da das in der Regel nicht möglich ist, diäteln und doktern sie selbst an sich herum oder lassen absaugen und schnipseln und glatt ziehen. Wie würde unser Leben ohne Spiegel aussehen? Es würde sich jedenfalls ganz anders anfühlen!

Hunde schauen zwar auch in einen Spiegel, aber sie erkennen sich nicht. Das wurde jahrzehntelang als Beweis dafür gewertet, dass sie nicht wüssten, wer sie seien. Und nur, wer das weiß, kann das Selbst vom Nicht-

Im Hund liegt die Wahrheit.

»In den Augen meines Hundes liegt mein ganzes Glück; all mein Inneres, Krankes, Wundes heilt in seinem Blick.«
Friedericke Kempner

Selbst unterscheiden. Das gilt nach heutigem Forschungsstand für Menschenaffen, Delfine, Elefanten und vermutlich auch Raben und Hunde; die Ergebnisse hängen vom jeweiligen Testaufbau ab. Meistens sind sie visuell aufbereitet, indem ein Farbklecks auf der Stirn des Individuums platziert wird. Wenn der Affe, Delfin etc. in den Spiegel schaut und sich erkennt, versucht er, den Klecks zu entfernen. Bei Hunden hat das nicht funktioniert, aber Hunde sind auch nicht visuell ausgerichtet – worin der grundlegende Fehler sichtbar wird, wenn Menschen von sich auf andere schließen. Führt man die Tests bei Hunden anstatt mit visuellen Reizen über den Geruch durch, klappen sie genauso wie bei Delfinen, Elefanten und Menschenaffen.

Wir Menschen glauben, wenn etwas bei uns auf eine bestimmte Art und Weise funktioniert, muss es bei allen so sein, und staunen dann, wenn wir ganz neue Fähigkeiten entdecken, sobald wir unsere Versuche nicht für Menschen bauen, sondern für die Tiere. Bei Hunden sah beziehungsweise roch der Versuchsaufbau so, dass Wissenschaftler Hunde-Urin sammelten und ihn später an Stellen verteilten, an denen die Spender niemals markiert hatten. Die spannende Frage lautete, ob die Hunde an den mit ihrem eigenen Urin markierten Stellen genauso interessiert schnuppern würden wie an den Duftmarken von Artgenossen. Nein, die Hunde erkannten sich.

Ich stelle mir vertauschte Rollen vor: Tiere würden uns als Probanden beobachten. Wie bedauerlich, geradezu lebensuntüchtig müssten wir ihnen erscheinen – arme Menschen, von Riechen und Hören keine Ahnung. Stattdessen stehen sie mit angehaltener Luft und eingezogenem Bauch vor Spiegeln und finden sich zu dick. Hunde verschwenden keine Zeit mit solchem Quatsch. Keine Dogge möchte ein Dackel sein und kein Dackel eine Dogge – wie käme er sonst auch in den Dachsbau –, und kein Drahthaar wünscht sich Locken. Ich bin ein Hund. Ich bin okay. Du bist es leider nicht, aber nicht, weil du nicht okay bist, sondern weil du ein Mensch bist und deshalb mäkeln musst. Also nimm dir ein Beispiel: Wenn du schon nicht hören kannst, dann fühle es!

Das Glück winkt mir mit
vier Pfoten …
… wenn ich erkenne: So wie
es die Natur eingerichtet hat,
ist es gut.

Ich folge meinem Hund

Als ich noch ohne Hund lebte, wollte ich niemals zur Spezies der Hundebesitzer gehören. Ich vorverurteilte sie als unhygienisch, unhöflich, uneinsichtig, unsozial. Die Vorsilbe ***un-*** gehört nicht zu meinen Lieblingen. Doch wenn ich genau hinsehe, entdecke ich sie, in veränderter Gestalt, auch im Hund. Und auf einmal ist alles anders. Sie ist gar keine Vorsilbe mehr, sondern eine tragende Säule – der Bauch des Wortes. Dieser Fährte folgt mein Leben mit Hunden … sie haben mir die Augen geöffnet und mir beigebracht, die Welt weiter und breiter als nur aus meiner eigenen Perspektive zu sehen. Und diese Fähigkeit ist eine Voraussetzung für ein friedliches, schönes Miteinander.

»Es ist doch ganz einfach«, sage ich zu einer Freundin, die seit zwei Wochen schlecht schläft, weil sie demnächst vor versammelter Belegschaft einen Vortrag halten soll.

»Wo ist das Problem?«, frage ich meine Mutter, die sich nicht traut, mit dem Auto in die Stadt zu fahren.

»Das ist nur eine Kleinigkeit«, sagt der Computer-Doc, während ich kurz vor einem Absturz stehe.

»Das Land gehört uns, nicht euch«, mag der eine Ministerpräsident zum anderen sagen, der ihm die Schau stiehlt.

»Igelscheiße duftet«, findet mein Hund.

»Der Hund ist der sechste Sinn des Menschen.«
Christian Friedrich Hebbel

Und alle haben aus ihrer Perspektive recht, und es bringt überhaupt nichts, andere von der eigenen Perspektive überzeugen zu wollen. Stattdessen kann man mal einen Ausflug in die andere Perspektive unternehmen. Hunde sind die allerbesten Sparringspartner, weil sie zum Teil in einer anderen Welt leben als wir. Und weil wir sie lieben. Wenn das Herz offen ist, sind wir mitfühlend eher bereit, andere Sichtweisen zu tolerieren oder sogar zu verstehen – was unser Verhalten grundlegend ändert. Hundebesitzer sind total unkompliziert!

»Der folgt aber gut!«, wird mein Hund oft gelobt, wenn er eine Kleinigkeit vollbringt, zum Beispiel, »brav« neben mir sitzt. Er kann noch viel mehr. Nicht bloß Sitz und Apportieren und im vollen Lauf auf Pfiff stoppen und Platz … gleich platzt meine stolzgeschwellte Brust. Aber was kann ich eigentlich, aus der Perspektive des Hundes betrachtet? Nun gut, ich kann Dosen öffnen und Türen, aber verdiene ich damit seinen Respekt? Oder ist es nicht eher seine Zuneigung, die ihn bei mir hält … vielleicht sogar mit einer Prise Mitleid gewürzt. Aus Hundesicht sind wir ja ziemlich defizitäre Wesen. Wie würde das Zusammensein mit meinem Hund aussehen, wenn ich mich auf sein Niveau begäbe – auch im Wortsinn. Wenn ich auf der Wiese herumkugle, einen Purzelbaum schlage – Hilfe, mir wird schwindlig.

Use it or lose ist. Nutze deine Fähigkeiten, sonst verlierst du sie. Je älter wir werden, desto weniger geschmeidig ist unsere geistige und körperliche Beweglichkeit. Was uns einst in den Schoß fiel, müssen wir nun trainieren, um in Schuss zu bleiben. Was durchaus im Sinne der Hunde ist. So folge ich meinem schussfesten Hund und wälze mich im Gras, was ihn begeistert. Wild wedelnd startet er Scheinangriffe, immer achtsam, den empfindlichen Zweibeiner nicht zu verletzen.

Forscher haben festgestellt, dass Hunde, die häufig mit ihrem Besitzer spielen, gehorsamer sind als Hunde, die mehr trainieren und weniger spielen. Mit Spielen ist hier nicht monotones Ballwerfen gemeint, sondern gemeinsam mit dem Hund rennen, sich balgen, Quatsch machen, der dem Hund gefällt. Das alles sind vertrauensbildende Maßnahmen – eine Seelenleine zwischen Mensch und Hund.

Alle guten Dinge sind frei.

Ich kugle einen kleinen Hügel hinab. »Danke, mir geht es gut, alles in Ordnung!«, rufe ich einem besorgt blickenden Pärchen zu, winke zum Beweis, pariere einen Angriff des Hundes, rapple mich hoch, renne ihm nach, fange ihn nie, mir ist schon wieder schwindlig, und dann liege ich auf dem Rücken und schaue in den Himmel und meine Nase neben Gänseblümchen, wie das duftet – und wie anders die Welt aussieht aus dieser Perspektive. Jetzt versteh ich auch, warum Menschen in der Hundesprache Zweibeiner heißen. Würden die Hunde ihre Perspektive nicht erweitern, sähen sie bloß Beine. Was für eine Verlockung, da mal reinzuzwicken! Und wie diszipliniert Hunde sich diesen Wunsch verwehren, ganz anders als wir, die wir sie ständig begrapschen müssen. Sie lassen es über sich ergehen, obwohl es bestimmt sehr lästig ist. Sie wissen, dass wir das brauchen. Wissen wir auch, was sie brauchen? Ruhe zum Beispiel.

Das Glück winkt mir
mit vier Pfoten …
… wenn ich meine
Sichtweise ändere.

Dösen in Dosen

Solche Tage sollten nie enden! Es ist Sommer und der Himmel blau, und wir haben einen Traumplatz am See gefunden, nur der Hund und ich. Ich liege mit den Füßen im Wasser, lese und werfe hin und wieder einen Stock, der von der vierbeinigen Wasserwacht vor dem Ertrinken gerettet wird. Alles perfekt. Leider aber gleich vorbei.

»Wir haben keine Zeit mehr«, sage ich zu meinem Hund, der das widerspruchslos hinnimmt.

»Warum nicht?«, würde er niemals fragen. Oder betteln: »Bitte, bitte, nur noch einmal schwimmen!« Oder sich sperren: »Ich bleib da!«

Der Hund akzeptiert, was kommt, und findet sich damit ab. Nein, es ist kein Abfinden, es ist ein prinzipielles Einverstandensein mit allem, was ist. Ich hingegen packe die Badeutensilien widerwillig zusammen und mache mich auf den Weg. Ich habe keine Lust, in die heiße, enge Stadt mittenrein in den Stau zu fahren, überhaupt keine.

»Einsteigen, hopp«, sage ich, und der Hund fragt nicht, wieso, weshalb, wie lang und warum. Er steigt ein. Wohin fahren wir? Egal. Oder kennt der Hund das Ziel längst, weil ich es ausdünste? Vielleicht. Vielleicht auch nicht. Womöglich spielt es überhaupt keine Rolle, weil wir jetzt noch nicht am Ziel sind und nie ankommen könnten, dann hätte er sich umsonst Gedanken

Der Napf wird nicht so heiß gegessen, wie er gekocht ist.

gemacht. So wie ich, die ich sehr oft hadere, wenn ich etwas anderes lieber täte als das, was ich tun sollte. Dabei bin ich vom Fach. Ich bräuchte nur das Soll oder Muss durch ein Darf zu ersetzen, und schon wäre die Welt im Lot. Ich *darf* in die Stadt fahren. Ich *darf* arbeiten. Ich *darf* dem Finanzamt schreiben. Ich könnte auch kein Auto, keine Arbeit und ergo kein Finanzamt haben.

Im Wagen schaut der Hund ein bisschen aus dem Fenster, dann macht er ein Nickerchen. Was so ein Hund wegschläft! Achtzehn Stunden pro Tag locker. Der kann sich nach dem Abendnapf um siebzehn Uhr aufs Ohr hauen, hin und wieder blinzeln und bis um acht am nächsten Morgen durchratzen. Die Pinkelrunde, bevor ich ins Bett gehe, muss ich ihm aufzwingen. Abend für Abend schaut er mich an mit dieser hingeseufzten Frage im Blick, ob ich es noch immer nicht kapiert habe, dass seine Blase aus Latex ist und sich zwanzig Stunden und länger dehnen kann.

So viel Schlaf wär mir zu lang. Da würd ich ja gar nichts mehr erleben! Aber wenn Hunde zu wenig schlafen, laufen sie Gefahr, zum Problemhund zu werden. Zusätzlich zur Nachtruhe sollten sie tagsüber mindestens zweimal vier Stunden am Stück ruhen. Für meinen ist das kein Problem. Und es ist ihm auch egal, dass er eine gewisse Zeit schlafen soll. So wie wir aus Gesundheitsgründen idealerweise nach 18 Uhr nichts essen sollen und so weiter. Der Hund schläft, wenn er müde ist, er läuft herum, wenn er Lust dazu hat, er begründet und erklärt nichts, es steckt keine Absicht hinter seinem Tun. Er bewegt sich nicht, um Kalorien zu verbrennen, er macht keine Pläne, er ist einfach da. Vorhin am See, jetzt im Auto. Er lässt sich nicht stressen, sondern hört, schmeckt, riecht, fühlt, sieht, empfindet, was jetzt gerade ist. Mal scheint die Sonne, mal regnet es, mal gehen wir die große Runde, mal die kleine. So ist es, und es ist gut so.

Das muss ein ziemlich tolles Lebensgefühl sein. Nehmen, was kommt. Überall ist es schön. Oder auch mal nicht, aber dann ist es eben so und Punkt. Zwischendurch kann man ein Schläfchen machen. Wann immer Hunde von einer Situation überfordert sind, ziehen sich diese Meister der Selbstfürsorge zu einem Nickerchen zurück. Witzige Vorstellung, wir Menschen täten das auch. Die Chefin tadelt mich, und während ihrer Ermahnung nicke ich ein. Mein Mann möchte ein problemorientiertes Beziehungsgespräch, und ich gähne ihn groß an und schließe dann die Augen. Als Hund würde er es mir gleichtun, und beim Aufwachen hätten wir vergessen, dass da was war. War da was? Durch diese vielen Nickerchen zählt der Hundekalender, so stelle ich mir das vor, an einem Menschentag vier oder fünf Hundetage. Man kann immer wieder neu anfangen. Herrlich!

Wenn ich ein Hund wäre, würde ich nicht lamentieren, dass es am See doch viel schöner wäre. Womöglich hätte ich den See schon vergessen. Augenblick reiht sich an Augenblick in einem Hundeleben, und ist nicht jeder Augenblick eine einzigartige Perle im Collier einer Stunde?

Buddhisten raten davon ab, anzuhaften; eine weise Erkenntnis, denn durch diese Anhafterei entsteht Leid. Als Mensch klebe ich an Dingen, Umständen, Bequemlich- und Gewohnheiten und natürlich an anderen Menschen. Ich will das, was mir gefällt, nicht hergeben, und wenn etwas anders läuft, als ich mir das vorstelle, passt mir das nicht in den Kram.

Der Hund hat keinen Kram. Er nimmt die Dinge, wie sie kommen. Mag sein, dass ihm das eine besser gefällt als das andere, doch er setzt es nicht in Beziehung. Und indem er alles erst einmal neutral behandelt, hat alles

»Ich hoffe, ich werde einmal der Mensch, für den mein Hund mich hält.«
Ungarisches Sprichwort

auch die Option, toll zu werden. Wenn das überhaupt nötig ist. Vermutlich ist ihm der Stress, ständig etwas Grandioses erleben zu müssen, fremd.

Ich versuch es mal. Hört mich ja keiner im Auto. »Es ist gut so, wie es ist«, sage ich laut.

Big sister is watching me. Ein haselnussbraunes Auge öffnet sich. Dieser Blick, der Menschenherzen zum Schmelzen bringt und dafür sorgt, dass es genau dieser Hund aus dem Tierheim sein muss. Forscher haben herausgefunden, dass er durch das Anheben eines Muskels entsteht, der die innere Augenbraue lupft. In der Evolution hat sich herauskristallisiert, dass dieser »Hundeblick« das soziale Bündnis zwischen Mensch und Hund stärkt.

Die Jalousie fährt wieder runter. Am Steuer sitzend, kann ich mir kein Nickerchen leisten. Wie umsichtig von meinem Hund, dass er diese Sonderschicht für mich fährt und ich ihm mit dem einen oder anderen schnellen Seitenblick beim Dösen zusehen darf. Ich fahre schwarz im Schlaf meines Hundes, der diesen langweiligen Job für mich übernimmt und mich daran erinnert, meine Träume nicht zu vergessen, niemals! In jeder Sekunde meines Lebens kann ich Maßnahmen ergreifen, meine Träume wahr werden zu lassen. So wie ich vor vielen Jahren eines Tages entschied, den Traum vom Hund wahr werden zu lassen … und wer weiß, vielleicht träume ich noch immer, und das Leben mit Hund ist so schön, dass ich gar nicht mehr aufwachen möchte!

Das Glück winkt mir
mit vier Pfoten …
… wenn ich es nicht
erwarte.

Eingedoggt

»Oma, erzähl doch mal, wie das früher war, als die Leute noch ohne Handys gelebt haben. Das muss fürchterlich gewesen sein. Ihr wart ja vollständig isoliert.«

»Nein, es war eine gute, eine schöne Zeit. Wir hatten Hundis. Also nicht alle, aber viele von uns.«

»Und wie habt ihr euch zurechtgefunden? Ihr müsst euch doch ständig verlaufen haben, so ganz ohne Navi?«

»Die Hundis hatten alle ein Nasi.«

»Ihr habt wahrscheinlich damals noch getwittert, oder wie hieß das?«

»Allerdings, es wurde viel gewittert.«

»Und SMS versandt?«

»Ja, die Hundis liebten den Struller-Message-Service.«

Hund aufs Herz!

»Und sag mal, Oma, stimmt es, dass ihr an vielen Orten kein Netz hattet?«

»Das war damals eher eine Leine.«

»Und ihr habt euch total umständlich eingeloggt?«

»Ganz genau. Manche hatten Probleme und mussten zu einem Hundi-Administrator, um sich erfolgreich einzudoggen.«

Ich bin gesellschaftlich oft ausgeloggt, denn ich wohne in einem Funkloch. Also an einem Ort, wo das Genre dieses Sachverhalts in den letzten Jahren mehrfach wechselte. Von der Groteske über den historischen Roman zur Satire und aktuell zur Utopie. Deswegen vergesse ich mein Handy oft, wenn ich das Haus verlasse – im Revier meiner Spaziergänge herrscht ohnehin Funkstille. Anderswo vergessen Menschen ihre Hunde

»An einem schönen Nachmittag mit einem
Hund auf einem Hügel zu sitzen bedeutet,
wieder im Paradies zu sein, wo Nichtstun nicht
Langeweile war, sondern Frieden.«
Milan Kundera

und führen ihre Handys Gassi. Die scheinen schwer erziehbar zu sein, werden an der sehr kurzen Leine gehalten und müssen ständig fixiert werden. Sie markieren pausenlos, piepsen und pushen und pupsen, randvoll ihre Mailboxen, kurz vorm Platzen. Hunde hätten sich längst übergeben bei so viel Müll im Leib. Aber sie sind klüger und apportieren nur, wenn Frauchen und Herrchen tatsächlich Kapazitäten frei haben, und horten nicht in Abwesenheit. Handys apportieren alles – wie große Müllschlucker sammeln sie unverdauliche Datenknochen, die zu Wirbelsäulenverkrümmungen führen.

Der Mensch starrt auf sein Handy, der Hund versucht noch eine Weile, seine Aufmerksamkeit zu erringen, lässt es aber dann sein. Sein Frauchen, sein Herrchen ist offline. Jetzt kann er buddeln, jagen, abhauen – was er will. Aber will er das? Wie verloren sie wirken, diese Hunde, unbeachtet hinter ihren Menschen herdackelnd oder sich weit entfernend, und irgendwann schaut der Mensch hoch, wo ist der Hund, er ruft, er schimpft. »Bleib jetzt mal da!«, befiehlt er und ist selbst schon wieder weg. Er wischt, der Hund entwischt.

Manchmal glaube ich, Hunde rufen zu hören. »Frauchen! Herrchen! Schau mich doch mal an! Ich bin auch noch da!« Und bitte nicht nur für einen Schnapp-Schuss! »Empfange« ich meinen Hund wirklich, wenn ich ihn nur wahrnehme, um postend damit zu prahlen, was für ein tolles, freies Leben ich feiere, weil ich mit meinem Hund unterwegs bin? Bin ich das? Oder bewege ich mich bloß in der Falle des Netzes?

Kraule ich mein Handy oder meinen Hund? Lieber offline, um mit meinem Hund online zu sein: off Leine!

Das Glück winkt mir mit vier Pfoten …
… wenn ich mich bei meinem Dog einlogge.

Ein Hund ist ein Herz auf vier Beinen

Als Miss Lomax bei uns einzog, schrieb ich ein Buch mit der bekannten Hundetrainerin Stephanie Lang von Langen und begleitete sie zu ihren Kunden. Nicht wenige hatten sogenannte Problemhunde. Die zerlegten die Wohnungseinrichtung, liefen weg, zerrten an der Leine, bellten ohne Unterlass, schnappten … alles ganz anders als meine Vorstellung von ***Der Hund und ich laufen nebeneinander in den Sonnenuntergang.***

Dieses Sehnsuchtsbild stammt aus meiner Kindheit. Ein Lieferwagen hatte unserem Familienauto die Vorfahrt genommen, nur Blechschaden, aber es dauerte, bis die Versicherungsdaten ausgetauscht waren. Im Wagenfond sitzend, beobachtete ich einen Hund, der unbeeindruckt vom starken Berufsverkehr an der Seite seines Frauchens die Straße überquerte. Ohne Leine, entspannt wedelnd und eng an ihrem Schenkel – die beiden wirkten wie eine Einheit. Manchmal hob der Hund den Kopf, die beiden wechselten einen Blick in ihrem vertrauensvollen, steten Austausch. So einen Freund durch dick und dünn wünschte ich mir auch. Ich glaube, jeder Mensch, der sich für einen Hund entscheidet, erhofft sich ein harmonisches Miteinander.

Und dann kommt es oft anders, und die Profis müssen ran. Als ich die erfolgreiche Hundetrainerin begleitete, wurde mir immer mulmiger. Gewiss, ich war sozusagen hunderfahren. Doch würde es bei meinem neuen Mitbewohner klappen? Auch wer mit Hunden aufgewachsen ist, muss deshalb nicht in der Lage sein, Hunde gut zu führen oder sie zu verstehen, sie lesen zu können, wie Fachleute sagen. Oder gar mit ihnen zu flüstern.

»Was ist das Wichtigste, wenn ich den Welpen am Samstag abhole?«, fragte ich Stephanie.

Sie gab mir einige Tipps, und ganz zum Schluss sagte sie etwas Ungeheuerliches: »Nimm ihn mit ins Bett.«

»Ins Bett?«, rief mein Man entgeistert. »Du meinst einen Hund? Ins Bett?«

»Er braucht Bonding«, suchte ich Verstärkung in der Psychologie.

»Es ist ein Hund!«, stellte mein Mann klar.

»Aber ein Baby«, verkleinerte ich ihn.

»Nein, das kann ich mir nicht vorstellen«, sagte mein Mann.

Ich vertraute auf Stephanies Kompetenz, ich sah ja ständig, welche Wunder sie bewirkte. Aus unglücklichen Mensch-Hund-Teams wurden glückliche, aus Hunden, die ständig wegliefen, wurden solche, die mit fliegenden Ohren und einem großen Grinsen im Gesicht zu ihren Besitzern rasten, wenn sie gerufen wurden. Das wollte ich auch!

Als der kleine zwölfwöchige Wuzel mit dem nackten Bauch und den Riesenpfoten zum ersten Mal durch unsere Wohnung tapperte, sagte mein Mann: »Keine Frage. Der muss mit ins Bett.«

Wir zerflossen beide vor Entzücken. Was war das für ein süßes Hundebaby! Aber es würde wachsen, größer, riesig werden – und dann? Wo würden wir dann schlafen?

Ich gab mein neu erworbenes Wissen weiter. »Für ein gut funktionierendes Rudel ist das kein Problem, und wenn wir den Welpen auf uns prägen, indem wir ihn im Bett schlafen lassen, werden wir so eine Gemeinschaft bilden.«

»Wer's glaubt, wird selig«, sagte mein Mann.

Und ja, wir wurden selig.

Wir fanden einen Kompromiss, bei dem Miss Lomax einen Teil der Nacht in einer Hundebox vor unserem Bett verbrachte, die sie sehr schnell als ihre Höhle liebte, sodass wir die Tür offen lassen konnten. Sobald wir aufwachten, setzte sie sich an die offene Tür, wedelte, wedelte stärker, hob fast ab, wartete aber, bis wir riefen, was nicht allzu lange dauerte. Ein Riesensatz, und das schwarze fiederweiche kleine Wesen sprang ins Bett. Es rückte immer ganz nach oben und legte sich an meinen Hals, wo es schnell und stoßweise heiß in mein Ohr atmete.

Ich bewegte mich nicht und lauschte mit meinem ganzen Leib. Ich glaube, dass sich in diesen Momenten unsere Herzen aneinanderlegten. Wenn mich jemand nach Glück fragt, fallen mir diese Augenblicke ein, als der kleine Welpe mir ins Ohr flüsterte. Von wegen Hundeflüsterer. Hunde sind Menschenflüsterer!

Nach ein paar Monaten wollte Miss Lomax nicht mehr ins Bett. Schade, aber lieben heißt loslassen. Heute schläft sie in der Küche und bewacht die Lebensmittel. Mein Mann und ich, wir sind ja mittlerweile erwachsen und kommen ohne sie durch die Nacht. Meistens.

Zum Weiterlesen

Bobke, Susa: Wildwechsel, München 2018

Buburas, Tanja: Ein Hund ist ein Herz auf vier Beinen, München 2015

Kerasote, Ted: Merles Tür, Berlin 2011

Gansloßer, Udo & Kitchenham, Kate: Hunde-Forschung aktuell, Stuttgart 2019

Gruber, Achim: Das Kuscheltierdrama, München 2019

Lang von Langen, Stephanie: Ich weiß, was du mir sagen willst, Köln 2014

---: Entspannt mit Hund, München 2017

---: Therapie auf vier Pfoten, München 2019

Pause, Bettina M.: Alles Geruchssache, München 2020

Seul, Michaela: Luna, Seelengefährtin, München 2016

---: Alle Vögel fliegen hoch, München 2011

---: Sonst kommt dich der Jäger holen, München 2013

---: Verbiss, München 2013

---: Musikantenknochen, München 2018

Staffa, Wilma: Seelengefährten auf vier Pfoten: Eine Tierärztin zeigt, was unsere Haustiere über uns verraten, München 2020

PHILIPPE J. DUBOIS,
ÉLISE ROUSSEAU

Kleine Philosophie der Vögel

22 FEDERLEICHTE LEKTIONEN FÜR UNS MENSCHEN

Einsichten voller Weisheit

Vögel sind kleine Lehrmeister, die uns eine ganze Menge beibringen können. Denn auf wichtige Fragen des Lebens geben sie uns allein durch ihr Verhalten kluge wie einfühlsame Antworten – Antworten, die uns Menschen in einer hektischen Welt innere Ruhe und Gelassenheit schenken. Wir müssen sie nur hören.

Eine kluge wie feinsinnige Hommage an die Natur

KIRK WALLACE JOHNSON

Der Federndieb

Ein passionierter Fliegenfischer kommt
dem größten Museumsraub der
Naturgeschichte auf die Spur

Von toten Vögeln, reichen Männern und einem
unermesslichen Verlust für die Menschheit

Warum stiehlt ein Dieb aus der ornithologischen Abteilung des Britischen Naturkundemuseums unzählige Vogelbälge, darunter unschätzbar wertvolle Federkleider von Paradiesvögeln, einst gesammelt von Darwins Konkurrenten Alfred Russel Wallace?
Der Autor, ein passionierter Fliegenfischer, nimmt die Spur der Federn auf. Seine detektivische Suche führt hinein ins Herz der Naturgeschichte. Er folgt den Fußstapfen von Entdeckern ins Viktorianische Zeitalter.
Und er trifft Hobbykünstler, die auch heute Fliegen zum Forellenfischen nach den historischen Vorlagen binden – aus den kostbarsten Federn der Welt.
Doch wird es ihm gelingen, den Federndieb zu finden und zur Rückgabe des Diebesguts zu bewegen?

»Ein aufwühlender Bericht über die katastrophalen Folgen menschlicher Gier für bedrohte Vogelarten, ein starkes Argument für den Umweltschutz – und vor allem: ein fesselnder Kriminalfall.«
Peter Wohlleben

ALBERT KITZLER

Vom Glück des Wanderns

EINE PHILOSOPHISCHE WEGBEGLEITUNG

Eine Liebeserklärung an das Wandern,
die Natur und das Leben

Wandern heißt aus dem Alltag heraustreten, Natur erleben, Seele und Körper stärken und damit die Gesundheit fördern. Doch das ist nicht alles, sagt der Philosophie-Coach Albert Kitzler: Wandern ist ein Spiegelbild des Lebens – es geht ums Aufbrechen und Loslassen, um Anstiege und Abstiege, um Durststrecken und das erhebende Gefühl, ein Ziel zu erreichen.
Vom Glück des Wanderns lädt ein zum Nachdenken über das Wandern und das Leben und erschließt dabei die stille und wohltuende Kraft, die beidem innewohnt.

»Albert Kitzler trifft die Essenz des
menschlichen Daseins.«
WDR 5

DROEMER